WISDOM OF
THE WORKING WORLD

听戈说职场
野生状态

刘戈 著

上海三联书店

做职场中的野生物种

徐小平

我是在长江边上长大的。看惯了江上的白帆，吃惯了江里的美味。长江美味要数"拼死"也要吃的河豚。现在野生河豚越来越稀少，只有网箱圈养的河豚了。野生河豚的价格，据说要比家养的贵出十几倍。其味道之差别，更是不可"同豚而语"。我的味蕾可以作证。

给刘戈的新书《听戈说职场——野生状态》写序，自然想起了长江河鲜野生与家养的天壤之别。因为这正是刘戈新书给大家揭示的一个道理：那些处于"野生状态"的员工，不仅会比"圈于安乐"的员工更多危机感、动力，也更会给企业带来价值和利润，并取得其职场或者人生上的更大成功。

刘戈整出一本职场指导书，既让我意外，也符合情理。刘戈是 CCTV 著名的策划人——《绝对挑战》、《对话》等节目都曾经让人耳目一新、受益匪浅。我曾经在《绝对挑战》节目中做过常设嘉宾，因此和他结识。常年在媒体工作，大量接触社会和普通求职者，刘戈的新书对于职场中的各路人马，有着非常新鲜和切实的指导意义。

我曾经写过一篇文章《我为芙蓉姐姐设计人生》，我觉得那是一篇非常精彩的文章。而刘戈的新书，也提到了芙蓉姐姐。2006 年的时候，我曾经说要送给芙蓉姐姐新东方的听课证，帮助她考研——当然我写得很明白，有许多人根本不适合考研，而正是考研耽误了芙蓉姐姐的发展。但斗转星移，与芙蓉一起出现的网络红人早已消失在大众视野之际，芙蓉姐姐不仅事业风生水起，出演话剧、电影，还登上了《时尚先生》，"尽显知性女性之美"。哼唧。

根据刘戈的分析，如果把网络红人们的浮沉看做一个危机四伏的丛林，芙蓉正是以一种"野生"的状态，才获得了如今的成功。正如刘戈所说："芙蓉姐姐终于找到了她职业生涯的真正落脚点。"她以 S 造型进入大众视野，以"狂言"为大众所知，但她并不止于此：参加各种代言，为自己的生涯奠定经济基础；不停地拍摄各种图片，而且总是配合当下的潮流——如世界杯期间的足球风。她不停刺激大众眼球，永不会让大家对她感到陌生；她又不停地寻找机会，贴近主流的艺术样式——音乐、电影、话剧……她以一种永不懈怠的压力感、危机感不停探索，不停寻找自己的机会。芙蓉姐姐这种不拘一格、四面出击、八方来风，正是刘戈书中所谓的"野生物种"

的经典代表。

在《寻找野生状态》一篇中，刘戈讲述了一个野狼变成"家养动物"的故事：

从野生到家养的褪变，只用了一年时间。

但喜欢被豢养却是我们的本能。求职的时候，大部分人会尽量选择声望高、体量大、福利待遇好的机构。和动物不同的是，人类在大多数情况下会按照经济学的原理来权衡利弊，这被称作理性，在现代社会，我们在理性的指导下生存。所以我们要找到让我们足够安全的雇主，这样，进入某种形式的牢笼就成了大多数人不可避免的选择。

享受安乐，趋利避害，一直是我们的本能。但这样一种"理性选择"，必然会导致我们缺乏危机意识，从而使生存意识薄弱，变革的意愿变小，创新的动力变弱，也就越容易在竞争的洪流中遭受挫败。所以，刘戈同时给我们这样的建议：

那么我们还可以做什么呢？就是尽量地保持身上的野性，尽量延缓生存能力退化的时间，甚至有时候要有意识地给自己寻找一种野生状态。

勇于冒险、不贪安逸、接受挑战、敢于创新，这些成功者的通用要素，就是"野生物种"的基本基因。

刘戈的书告诉我们：不论你处于职场中的哪个级别，只有保持了身上的"野性"，维持自己作为职场中的"野生物种"，才有可能不被淘汰，才有可能获得此前期许的成功。

现在，放下书，照照镜子，看看你的身上，还保留着多少职场的野性？

目录

菜鸟的困惑

坚守大城市，不固守专业，找一份哪怕是最难以接受的工作先干着，只要你在做着一份工作，你就在成长，这种成长的速度会让你自己都觉得吃惊。三年以后你就自然获得了挑选雇主的权利。在整个人生的旅途中，三年一点都不长，这个门槛迈过去，海阔天空。三年以后，每一个接受过市场洗礼的大学生都是抢手的人才，不信我们打赌。

过来人的纠结

　　跳，还是不跳，最后的决定就是你把旧的工作和新的工作进行比价估值后的结果。按照现代经济学的原理，在每一次交易进行的时候，所有的人都会认为自己是这一单交易的受益者，偏偏在跳槽这件事情上，看不清楚的地方太多，让交易者心烦意乱。

　　很多人在事到临头的时候才会匆匆做出选择，往往这会让你低估了现有工作的价值，因为没有慎重思考的过程，你就不会把工作给你带来的额外影响算在里面，而只估算了薪酬福利的差别。这样的交易不断地进行下去，你就是在贬值。

老板总是对的

哥伦比亚大学商学院的迈克尔·费纳（Michael Feiner）说：
"多数老板喜欢自己努力后所取得的权力和威信。"老板们肯
定是一个团队里在工作上最成功的人。相信自己的方式是正
确的、最好的，甚至是唯一的，正是他们成功的原因所在，
也正因为如此，老板们容易将下属的反对意见看做不服从，
而不是反馈。

女孩的烦恼

　　大部分情况下，我们所声称的朋友——铁哥们、闺蜜，其实并不具备朋友的特质，也难以通过朋友准则的考验。在办公室，好朋友通常只是疑似，我们交到的是一个战壕的战友、一个商场的生意伙伴、一个生活中的玩伴，维系这种"友谊"的虽然也有情感因素，但起决定因素的是利益关系。这种关系和真正友谊之间的区别是，只具备三个条件中的一个——信息和秘密的分享，而不具备其他两个——信任和承诺。

态度决定一切

在没有决定放弃之前，你必须尊重自己的职业，有两条理由支持你这样做：或者你现在看不上的职业不知道在什么时候就成了人人羡慕的热门，或者你没有来得及等到那一天，但因为做得足够出色，自然赢得人们的尊敬，有了超越行业的社会地位。

战斗在办公室

公司也好，机关也好，学校医院也好，任何组织形式之所以存在，其目的就是由多人合作完成某种任务。在这个过程中永远存在着任务的分解、相互的合作和利益的分配问题。在这三个环节中，每个人和同事和领导和下属之间都会有无数的交叉点，有这些交叉点的存在，职场的人际关系就不可能简单。

坚守大城市，不固守专业，找一份哪怕是最难以接受的工作先干着，只要你在做着一份工作，你就在成长，这种成长的速度会让你自己都觉得吃惊。三年以后你就自然获得了挑选雇主的权利。在整个人生的旅途中，三年一点都不长，这个门槛迈过去，海阔天空。三年以后，每一个接受过市场洗礼的大学生都是抢手的人才，不信我们打赌。

从宏观的角度讲，大学生就业难在最近的几年本质上是一道无解的难题。但就每一个找工作的大学生个体来说，最本质的问题依然是在每一个岗位上的竞争力问题。

迈过职场的第一道门槛

"大四一年人生百味，虚头巴脑阿谀献媚，女生无奈只能劈腿，男生无计只好行贿，家长奔波亲戚连累，送礼请客钞票浪费。领导无德大笔一挥，去到幕后锻炼体会，师哥白眼师姐诋毁，寒冬酷暑流离颠沛，月经失调胸部下垂，小便失禁肾虚加倍，亡羊补牢担心学位，为时已晚青葱年岁。"

这是战斗在找工作第一线的大四学生们中间流传的一个段子。虽然内容夸张，但大学毕业生找工作时焦急、茫然的心情，应聘、实习时遭遇的人间冷暖、社会百态，都在这几句话里了。

这还是去年的段子，不期而至的经济寒流让明年毕业的大学生找工作的难度进一步加大。比起往届的大学生，他们的竞争对手，不只是同年毕业的学生，还有因为经济不景气而失去工作的师哥师姐们。一家公司的老板告诉我，他们公司最近招聘一批底薪很低的销售人员，本来以为应聘的会以刚毕业的大学生为主，结果一下子来了不少最近丢了工作的白领，而且根本不对薪酬讨价还价，而在以前，他们以这样的薪酬根本招不到有两三年工作经验的熟手。结果显而易见，大学生在这样的竞争对手面前很难取胜。

找工作是独生子女们二十多年来受到的家庭关爱、培养、迁就、纵容的一个了结，他们必须一起来面对一次从未有过的严酷考试——找工作。相比而言，几年前的高考更像是一次小测验，你知道考哪几门功课，大概有什么内容，也大体知道自己能考到什么程度，而这一次，更多的人不会知道被谁考、考什么、怎么考，能够考到什么水平。

从2003年开始，大学生就业突然成为一个社会问题，始于1999年的大学扩招，在四年后一下子向市场多提供了数百万大学生，从那以后，再也没有人用"天之骄子"这个词来形容大学生了。

我们来看这两组数据，1966年全国出生人口两千五百万，这一年出生的人如果念到大学本科毕业，一般年龄是二十二岁，也就是 1988 年毕业，这一年的大学毕业生是三十万。而 1986 年出生人口两千二百万，二十二年后同样念到本科毕业，2008 年，大学毕业生是六百多万。也就是说二十年时间，大学生在同龄人口中的比例上升了二十几倍。

也就是说，在 2003 年，中国的大学教育完成了从精英教育到大众教育的跨越。扩招带来的问题是教育质量的下降，我甚至听说那几年有体育老师、数学老师转行教传媒的。

但即使这样，我们也不能把大学生就业难的问题怨到大学扩招头上，让更多的人接受高等教育没有什么不对，相对十三亿人口的基数，每年几百万毕业生怎么都不算多。也不能怨大学生都想在大城市工作不愿意到基层，谁不愿意待在又富裕、又热闹、机会又多的地方？那些站着说话不腰疼的专家们，老少边穷的地方你怎么不去？关键的原因是，中国经济的发展模式不能够吸收这么多集中供应的大学生。这样的结构性问题在一两年内很难解决。

从宏观的角度讲，大学生就业难在最近的几年，本质上是一道无解的难题。但就每一个找工作的大学生个体来说，最本质的问题依然是在每一个岗位上的竞争力问题。据我给亲戚朋友的孩子介绍工作的经验看，真正找不到工作的，主要是普通和民办大学的文科生和女生，这两个群体又互相叠加——文科专业的女生比例要比工科高得多。而名校和大部分的工科学生以及大部分的高职生、大专生比较好找工作。

就拿传媒类专业来说，权威部门发表的《中国就业蓝皮书》提供的数据表明供求关系接近8：1，也就是说那些四年前抱着成为一名记者、编辑、主持人的梦想进入大学校园的学生，只有很少一部分有机会进入媒体工作。另外还会有一些改了就业取向的理工科的学生来抢这本来就不多的饭碗，而一个文科生基本没有能力去抢理工科的职位。这样，对于很多学生来讲，跨入职场门槛的第一份工作就要痛苦地和自己曾经的理想说再见。

每一个时代都会有社会经济转型的牺牲者，你碰巧成为其中的一员，除了面对没有其他的办法。怎么面对？我试着开一些"药方"。

首先，不要为了逃避眼前的困难去考研究生和公务员，适合考研究生和公务员的都是不愁找工作的人，如果你连找到一份工作都困难，以前也没有这方面的准备，再反过头来临时抱佛脚，只能是给人当分母，瞎耽误工夫。

其次，如果家乡在中小城市，千万别回去，除非你的父母有本事给你谋个公务员或者教师之类的稳定工作。一定要在大城市和沿海发达地区死扛，虽然大城市的生活成本高，但在中国目前的情况下，适合大学生就业的岗位大多在大城市和沿海地区，况且，你第一份工作的目的除了养活自己，更重要的是培养自己的本领，获得跳槽的资本，和中小城市和欠发达地区相比，大城市和发达地区才可能给你提供这样的机会。

第三，就是老生常谈的心态问题了。你要记住，越是经济发展水平高的国家，大学生的起薪就相对越低。大学生一毕业就鲤鱼跳龙门是低收入国家的特点。在发达国家和中等收入国家，大学生的起薪敌不过普通建筑工人是常态而不是个案。受过大学教育的好处是，在几年以后你会比没有受过大学教育的人有更多的成长机会。这种差别需要用时间来凸现。

坚守大城市，不固守专业，找一份哪怕是最难以接受的工作先干着，只要你在做着一份工作，你就在成长，这种成长的速度会让你自己都觉得吃惊。三年以后你就自然获得了挑选雇主的权利。在整个人生的旅途中，三年一点都不长，这个门槛迈过去，海阔天空。三年以后，每一个接受过市场洗礼的大学生都是抢手的人才，不信我们打赌。

◎ 每一个时代都会有社会转型的牺牲者，碰巧你成为其中的一员，除了面对没有其他的办法。

◎ 像对待一次真正的大考那样对待第一份工作。全情投入、合理安排时间、调动一切可以调动的资源。

◎ 尽快地上班。好工作是干出来的，不是选出来的。

◎ 坚守大城市，不坚守专业。

◎ 对于第一份工作，好雇主比好岗位更重要。

◎ 遇到最差的工作、最变态的雇主，也要坚持干满三个月。否则你前期的所有投入都是无效投资。

◎ 入职的起薪是最后考虑的因素。通常行业里最牛的公司不会开给你最高的底薪。

从投资的角度说考公务员这件事，基本相当于用买股票的资金量来买彩票——投入产出比虽然仍然是正相关，但盲目性显而易见。

考公务员未必是好出路

在中国漫长的历史上，隋朝基本不值一提，这个短暂的王朝留给后人的记忆不多，对后来产生持续影响的大概只有两件事：一个是开凿了连通南北的大运河，另外一个就是创立了科举制度。从那个时候开始，读书人有了最理想也基本上是唯一的职业发展通道——做官。因为科举，中国诞生了世界上最稳定的文官制度，同时也制造了诸如张生与崔莺莺、梁山伯与祝英台、范进中举等脍炙人口的故事。

科举制度的最大好处在于让知识精英拥有了进入国家管理机构的可能性，而且在相当大程度上给予了普通民众公平竞争的机会，在一定程度上避免了统治阶层的世袭制。这样，皇族的权力和知识精英的智慧共同构成了中国社会的统治基础。在大英博物馆中国展室的前言里有这样的表达：在中国过去的一千多年，知识精英进入统治阶层参与国家管理成为一种传统，从而让中国的文明一直得以延续。

在西方代议制民主政治诞生之前，中国人的确找到并且一直实践着世界上最先进的国家管理模式，进而缔造了世界上最大的统一帝国和世界上最大的经济体。这其中科举制度功不可没。

2009 年中央国家机关及直属机构的公务员考试报名结束后，据统计，一百万"生员"将争夺一万三千多个公务员职位。他们中的大多数是即将毕业和刚刚毕业不久的大学生。尽管我们可以举出很多公务员考试和科举制度的不同之处，但它们之间的相似性是一眼就可以看得出来的。

从考试内容上来说，公务员考试《申论》的内容和科举考试的八股文如出一辙——纸面上的治国方略。求得稳定、有社会威望并且能够掌握权力的职位都是他们参加考试的目的。还有一点最明显的共同之处是——竞争的白热化。

一个让人惊诧的现实是，近年来，参加公务员考试的学生，每年以近 50% 的速度增长，已经全面超过考研的队伍，而国家推出的公务员职位数量却仅仅维持在个位数的增长水平。

考公务员的队伍被戏称为"考碗族"，围绕"考碗族"已经诞生了一个类似于托福考试、研究生考试的巨大产业链，每年产生的 GDP 至少数十亿人民币。从发展势头上分析，这样发展下去，公务员考试很有可能像中国古代的科举一样，成为和平时代社会的核心事件。

在杭州，有个不是很主流的景点，叫万松书院，在西湖东南方向的山上，现在这个地方的名气来自于定期举办的万人相亲会。为子女的婚姻瞎操心的父母们聚在这里，以儿女的代理人身份寻找姻缘机会。相亲会诞生在这里的缘起是因为这里是传说中梁山伯和祝英台一起读书的地方，因此这个地方被看做是一个可以诞生爱情和姻缘的宝地。中国人在很多方面牵强的联想会制造很多不可思议的怪象，要是因这里有梁祝的爱情背景便可以更容易促成姻缘，那这姻缘的下场岂不是投坟化蝶？前些年还听说一帮脑子进水的人撺掇唐明皇与杨贵妃的故事，要在华清池打造出来一个中国爱情节。你让谁来参加？公公和儿媳妇一起来？

我来万松书院本来是瞻仰缅怀这段伟大爱情的，结果在书院看到的主要内容却是一个科举制度展览馆，毕竟梁祝的故事只是传说，而书院和科举之间的关系却是有据可考的。看完展览我搞明白了，原来这书院就是一个"公务员考前辅导班"，只不过这辅导班要上三年之久。

院子里有一棵大榕树，传说赶考之前，生员们都会把自己及第的梦想写在纸条上，绑上一块小石头往树上扔，纸条挂得越高说明考中的机会越大。寒窗苦读三年，真正能考上举人直接做官的总是凤毛麟角，大部分学子的命运是回乡办个私学，以帮乡邻写个书信啥的维生。

国家机关的公务员考试应当相当于科举的殿试了，中了就是进士。但一百个参加考试的人只有一个有被录取的可能性，与投入的时间成本、经济成本不成比例。从投资的角度说这件事，基本相当于用买股票的资金量来买彩票——投入产出比虽然仍然是正相关，但盲目性显而易见。尽管全国人民都是这次考试的间接受益者，因为将有这么多通过考试——这种我们现在能够找到的最公平合理的途径选拔出来的优秀人才充实到公务员队伍中来，为大家提供更优质的公共服务，但我还是为一百万青年精英花费掉的巨量时间而惋惜。

不可否认，巨大的就业压力和公务员可见的种种好处，让考公务员的行为看上去的确是一种符合经济学原理的理性选择。但如果我们把一生作为职业选择的考量依据的话，这里的理性成分就要打个折扣。

你的第一份工作一定要是一个可以让你得到锻炼、学到东西的地方。一位人力资源专家说了这样一句话，当时让我心里震动了一下：其实，我们是为自己的履历表活着。五年以后，当你在机关里升职无望的时候，你想想，你的履历和一个在商战中打拼了五年的白领谁更有竞争力？当然你很可能有成为一名处长的能力和机会，但对大多数人来说那是一个低概率事件。在迈向商业社会的今天，从经济和社会的各个角度来看，未来处长的职位肯定不会更多，但商业人才和技术人才的需求是无限的。

在任何一个发达国家，公务员都是优秀人才在企业、学术机构后的第三选择，而中国，正走在大国崛起的路上。

◎ 想好了，你考公务员是自己的愿望还是因为家庭的压力？

◎ 在发达国家，公务员是优秀人才在企业、学术机构后的第三选择。

◎ 二十年以后，公务员调配社会资源的能力也是你考虑的因素。

◎ 不想当官就别去考公务员。

◎ 考公务员需要投入大量时间和精力，要考虑机会成本。

◎ 很多人忍耐不了当公务员最初几年的无趣，你呢？

芙蓉姐姐的职业生涯

芙蓉姐姐终于找到了她职业生涯的真正落脚点。在话剧《唐朝也有流星雨》中，芙蓉一人扮演了杨贵妃、潘金莲、秋香、慈禧等几个角色。一个演员在一部戏里分别扮演不同年代、不同身份、不同经历、不同年龄的几个角色，换了别的演员一定会获得"角色跨度之大、难度之高、堪称挑战表演极限"的美誉。但目前，芙蓉显然不能奢望获得这样的评价，人们根本不用进剧场看她的表演，就会下他们能够想到的最难听的结论。

尽管依然需要在每个角色中展示她S型体态的招牌动作，

但芙蓉咬字清晰、台词流畅、走位准确、激情高涨、表演投入。也就是说，她具备了一个职业演员的基本素养。作为一个头一次参加舞台剧的演员，芙蓉的表演可圈可点。"卖力"是看过芙蓉话剧处女作观众的共识，这个词在职场里叫"敬业"。

芙蓉被当成一个笑话从网络走红，在成为一个真正的喜剧演员之前，这个笑话必定要跟她很多年。但我们有理由相信，芙蓉从演话剧开始，终于找到了自己的职业定位，并且依据这些年来芙蓉显现出的强烈的表演欲、卓越的抗打击能力和强烈的成就动机，我们为什么不能相信芙蓉最后会成为一名优秀的演员乃至表演艺术家呢？既然前三级片演员可以"把脱下去的衣服一件件穿起来"并最终成为戛纳电影节的评委，为什么我们不能相信芙蓉最终可以登上春晚的舞台呢？当然，那将是一条异常艰辛和曲折的职业发展之路。但这种成功反倒更能赢得尊重，舒淇已经通过自己十几年的努力证明了这一点。

就像成功的企业家不会避讳自己年轻时曾极力回避的贫寒出身，也许若干年后芙蓉做客《艺术人生》，也不用忌讳自己初入演艺界被人鄙夷的口水和眼神。

当我们不再把芙蓉当成一个其貌不扬却自我感觉极好的女孩而当成一个职业演员的时候，我们的评价标准会发生本质的变化，尤其是对于一个不依靠容貌取胜的演技派演员。

做演员最重要的一条是自信并能毫无心理障碍地展示自己，这是芙蓉的最强项；做演员非常重要的就是不怕别人的评头论足，这也是芙蓉的先天优势；做演员比较重要的是要有出人头地的强烈愿望，这一点由芙蓉从陕西义无反顾地来北京闯荡便可以证明；做演员相当重要的是要有强烈的学习劲头，这一点从芙蓉坚持在北大旁听努力考研的经历得以验证；做演员很重要的一点是要有丰富的人生体验，这一点芙蓉已经绰绰有余；还有，做演员头等重要的是要敬业，同时这也是做所有职业头等重要的因素，这一点芙蓉通过她的第一部舞台剧给出了答案。剩下的只有一条未知因素，那就是——坚持。

所有失败的职业生涯，最后几乎都可以归结为在年轻的时候没有找到自己适合并且热爱的职业。而所有成功的职业生涯至少要必备合适和热爱中的一条，绝无反例。芙蓉是幸运的，她碰到了同时符合两个条件的机会并且牢牢地抓住了。每天演一场两个多小时的话剧要比在一个什么开业仪式上摆两个"炮斯"费力得多，收入也要少得多，芙蓉知道她要的是什么，所以懂得选择和放弃。

在现实中，大部分人因为自己的教育程度、专业背景、工作能力，通过一定的招聘程序进入一个行业、加入一个组织、从事一个岗位。也有不少人在获取这个职位的时候，在别人眼里就是一个笑话。比如因为什么特殊的关系本来不符合条件却被硬安插进来的,比如因为某种机缘巧合被临时抓来充数的,比如因为机构的撤并调整下岗又被勉强换岗安置的,比如像芙蓉这样被一种莫名其妙的力量毫无准备就被推在那里的等等。当中学文化的吴士宏从清洁工被提拔成销售经理的时候,当打零工的王宝强第一次做主角的时候,当身高不够的雷锋成为战士的时候,还有成千上万个我不便举出姓名但开始时依靠家庭的背景谋得某个好职位的成功人士——在第一天上班的时候,他们的身后无不是凌厉的白眼和等着看笑话的窃笑。

这种情况下,大部分人总是理不直、气不壮、自矮三分。一些人在不同经历、不同程度的努力之后选择放弃,于是就真的成了笑话。而芙蓉的神经大条虽然不是每个人都能学的来的,但她的态度和执著却是可以努力学习的。

初入职场,最大的敌人是羞怯。对于那些完全通过正常途径获得职位的人来说,有足够的时间来靠实力慢慢地获得认可和尊重,一整套严格的招聘程序恰好是你能力的背书,这个程序越严格,背书的有效期就越长。而芙蓉们则没有这样的时间,既然已经是一个笑话,那么让笑话闹得更大可能是你真正被接受的唯一途径。你可以没有能力,但一定不能没有勇气。在把笑话闹得更大的过程中,对你职业生涯产生最大影响的那个人可能就出现在看热闹的观众里。和其他看客不同的是，他不仅看到了你的可笑，还看到了你的可爱和可塑，他甚至可能看到了你自己还没有意识到的其他价值。你闹出的笑话越大，碰到这个人的可能性就越大，为什么不试试？

谁都有可能成为别人的笑话，只不过芙蓉的笑话是一个我们以前所不熟悉的一种新形态的笑话罢了。笑话的根源来自于你有所谋求的那个职位和你之前显露出来的才能相差太远。其实，在社会的各种职业中，真正完全依靠专业教育和文化素养才能获取成功的并不是全部，甚至不是大多数。通过招聘程序寻找合适的人选仅仅是因为这是一种成本最低、效率最高也最公平的方法，而不一定是最科学的方法。说白了，就是一种通过短跑测试来寻找长跑运动员的方法，中考、高考、研究生考试用的都是这种方法。而芙蓉们是通过某种途径有意或者无意绕过了这个门槛，并且这个过程被发现、被放大、被笑话。但有一句古话，叫做"知耻而后勇"，似乎就是说给芙蓉们的。

对于芙蓉的职业前景，我充满期待。

★★★ 听戈说职场：

◎ 谁都有可能成为别人眼里的笑话。在有人看你笑话的时候，也会关注到你的潜力。

◎ 既然已经成了一个笑话，就不要怕笑话闹得更大。

◎ 当你不再在乎别人说三道四的时候，你就真正战胜了自我。别人的笑话不会打败你，打败自己的永远都是自己的怯懦。

◎ 招聘程序是一种通过短跑测试来寻找长跑运动员的方法，这个门槛是可以绕过去的。

◎ 进入到一个自己喜欢又适合的行业，是你获得成功最重要的先决条件。而以什么样的身份进入，和成就关联度并不高。

"这么做合适吗？"这是一个在我们每个人的工作中几乎不断遇到的问题。每一个在机构里混一碗饭的人，都不得不成为业绩考核的奴隶，在残酷的现实面前，我们不得不从小被灌输的价值观上进行退让，但大多数人会给自己设立一个底线。

组织的规则不是你的规则

2008 年奥运会开幕式。小女孩的歌声响起："五星红旗迎风飘扬，胜利歌声多么响亮……"一下子很多人的眼泪就噙在了眼眶里。没有人想到，张艺谋会用这样一种方式，一下子撬开了中国人情感的闸门。奥运会开幕式让人感到震撼、惊奇的地方很多，但真正让中国人感动的地方就是这几分钟。这支每一个在中国内地受过教育的人都耳熟能详的歌，在这样一个特殊的时刻，以这样一种陌生的方式演唱，勾起的是每一个中国人和这个国家的情感关联。

任何一个外国人都不会理解他身边的中国人为什么会因

为一个小女孩的歌声而热泪盈眶。

然而，此时此刻，我女儿却发出了一个不和谐的声音："这是假唱。"

对女儿按捺不住要表露自己的专业素养的行为我有些不快。女儿是一个国内著名童声合唱团的团员，已经是一个小"棚虫"，经常参加录音，在这个问题上显然拥有发言权。但是作为专业人士，我也有发言权，干过电视的人都知道，录制现场最容易出问题的就是音频，一般都采用现场还音的方式——俗称的"假唱"，也就是演员的确在那里卖力地真唱，但电视观众听到的是之前在专业录音棚的录音。这样，既避免了由于演员现场演唱的失常或是现场录音条件不好导致的声音不完美，同时由于演唱和还音录制在不同的声道，也有利于后期的编辑，这已经是大家约定俗成的惯例。奥运开幕式这么大的场面，需要协调的因素那么多，又不能出丝毫的闪失，所以这么做是可以理解的。我把这些道理讲给女儿，希望她们这些崇尚真唱的艺术少年能够理解成年人保护饭碗的不易。

接下来，女儿的回答让我大吃一惊，她面无表情地说："我知道你们那一套，我是说，这声音和演唱者可能不是一个人。""你怎么知道？这怎么可能？"我有点担心，不久前一次不快的经历还在她的心里留有阴影，以至于她对大人们的游戏开始逆反式的怀疑。"就是感觉，"女儿轻描淡写地说道，"长这么漂亮，声音要是也这么好，她早就红了。"女儿试图为她的直觉找一点根据，但这个推理虽然有些无厘头，但听起来也不是没有道理。

会是这样吗？我有点替张艺谋他们心虚起来。的确，在我以前参与的一台晚会上也这么干过。也是童声合唱，用了一个团的声音，另一个团现场表演。说起来也是迫不得已，录音的这个团声音实在是好，但个头高高低低，年龄参差不齐，为了效果，只好找一个长得漂亮整齐的团在现场张张嘴。发现这个问题后我曾经提出过疑问："这合适吗？"但大家显然不愿意占用时间来谈论这个问题，晚会成功举行，没有任何人注意到这样的移花接木。不过那毕竟是一个专题晚会，文艺节目仅仅是一个点缀。但这是奥运会呀，面对全世界的耳朵和目光，也敢这么干？

女儿的不快经历来自于不久前的另一场演出——在太庙举行的奥运会歌曲现场演唱会。她们团演唱的是谷建芬作曲的一首童声合唱，在彩排的时候，一个叫阿尔法的小童星被临时安排进来，站在了最前排，他们几十个团员为奥运作贡献的热情和努力就因这样一个莫名其妙的安排转化为愤怒和不屑。彩排的时候，在小男孩的背后，全体团员一起做了这样一个动作：双手做手枪的形状并指向地下，头向侧后方仰——孩子们常做的这个动作的意思是：鄙视。事后，女儿兴奋地向我讲述了她们唯一可以进行的报复行为。在电视机前我看到那个男孩尴尬的样子，他连歌词都没有来得及记熟，现场还音里根本没有他的声音，看着他一张一合的嘴，心里真替他难过，也替他的家长和努力帮助他的人们难过。

最后的结果，验证了我女儿的专业水准。开幕式的音乐总监承认，表演的和唱歌的的确是两个女孩。他用一句话回答了这么做的原因：国家利益。不知道，在做出这个决定的过程中，有没有人怯怯地问一句："这合适吗？"显然，我的十四岁的女儿，基于学校和家庭多年来的教育得出的结论是："这很不合适。"她的反问是："那主题歌用刘欢的声音，成龙来唱，你觉得合适不合适？"

"这么做合适吗？"这是一个在我们每个人的工作中几乎不断遇到的问题。每一个在机构里混一碗饭的人，都不得不成为业绩考核的奴隶，在残酷的现实面前，我们不得不在从小被灌输的价值观上进行退让，但大多数人会给自己设立一个底线。即使是小偷，也有人给自己设一个底线，拿走钱包里的钱，但要把身份证什么的尽量还给人家，伦理学家把这种行为称为亚道德。

在现实中，工作的过程几乎就是一个底线的退让过程。这个过程会让一部分初入职场的年轻人痛苦不堪，尤其是那些成绩一直优秀的好孩子们，因为整个受教育的过程中，学习成绩给了他们全部的成就与荣耀，而在职场中工作业绩和学习成绩的取得方式发生了如此巨大的变化。把自己的底线设在哪里？是"现场还音"还是"李代桃僵"，对有些人不是问题，是小题大做，但对有些人这是一个问题。

现实给我们的答案是，张艺谋及其团队因一次成功的开幕式名载史册，一个小小的争议将被有意无意地忽略并遗忘。

但我知道，尽管如此，在一小部分人心里，那将是一个永远不被原谅的过错。如果你不幸是其中的一位，那么就重新掂量一下你现在所从事的职业和雇主以及你对自己职业生涯的期许吧。

◎ 职场就是一个通过放弃自己的自由来换取利益的地方。

◎ 学会在价值观上进行退让，但要设立底线。

◎ 做人的规则自己定，做事的规则组织定，也就是领导来定。两者发生冲突的时候可以反对，可以走人，但不可以不执行。

◎ 遵守组织的规则。职场和学校是两个规则完全不同的赛场，学校的竞赛主要是个人项目，而职场上的竞赛大都是团体项目。

◎ 所谓企业文化就是一个组织内一把手内心的放大，他的价值观就是这个机构的潜规则。

◎ 对于工作，任何时候，你都不能把自己放在外人的角度看问题。

◎ 如果你一定要坚守自己的规则，就选择做一个自由职业者或者建立自己的组织吧。

"为什么不回到家乡，而一定要在大都市坚持？"有人提出这样的劝告，但对于"贫二代"来说，不是愿意不愿意的问题，而是回不回得去的问题。

逃离大城市

后台，昔日的摇滚巨星崔健享受着观众的疯狂。在观众的掌声和呼喊变得有一点点焦虑的时候，崔健返台，操起吉他，《一无所有》的旋律响起，欢呼声振聋发聩。不唱《一无所有》的崔健怎么是崔健呢？台下，六零后、七零后、八零后的新老男人们一起放开歌喉："我曾经问个不休，你何时跟我走，可你却总是笑我，一无所有。"

1986年，在纪念国际和平年百名歌星的演唱会上，崔健身背一把破吉他，两裤脚一高一低地蹦上北京工人体育馆的舞台时，台下观众还不明白发生了什么事情。而几分钟后，因为这首歌，崔健成为全中国男青年的偶像。"告诉你我等了很久，告诉你我最后的要求，我要抓着你的双手，你这就跟我走。"

二十多年之后再听这首歌，我从歌里已完全感受不到青春的愤懑与绝望，听出来的全是自豪与希望。铿锵的旋律后面哪里是一无所有？而是应有尽有，只不过这中间需要一个奋斗过程罢了。所以那个时候的小伙子尽可以无赖地唱"这时你的手在颤抖，这时你的泪在流，莫非你正在告诉我，爱我一无所有，wo～你这就跟我走"。男青年们可以骄傲地对着姑娘大声唱《一无所有》，是那个时代过来人的幸运。那个时候，"一无所有"关乎年龄，而无关出身，几乎所有的年轻男性都一无所有，而改革给所有人提供了应有尽有的希望，只要能够成为大学生，每个人都可以成为"凤凰男"。

仅仅五六年的时间，中国的社会结构便开始从金字塔型向埃菲尔铁塔型迅速转变，在这个人口社会阶层之塔被快速拉长的过程中，白领阶层从原来的社会中高层跌落到构成塔基的下层，这个过程在大城市尤为明显，而房价的大幅上涨在其中起了重要的作用。

从上世纪九十年代中期开始，随着大量的外企进入和民企的崛起，大学生开始迅速向北京、上海、深圳、广州等中心城市聚集，以公司职员、专业技术人员为主体的白领阶层形成。高学历、高收入、高消费是这个阶层的显著特征，"知识改变命运"的假设在这个时代似乎成为真理。通过个人的努力，工作几年之后，在大都市买房买车成为一个符合逻辑的自然选择。而最近几年，当新一代大学生走出校园，沉淀在大都市的时候，他们发现已经无法复制师哥师姐们的经历。

房价飞速上涨，而个人收入原地踏步，这之间的反差造成的结果是：个人工薪收入占房屋总价的比例越来越小。对大部分人来说，凭借个人工资剩余积攒住房首付的可能性越来越小，这个时候买房，只能靠父母甚至祖父母的资助，买房从个人项目变成了团体项目。是家庭总体实力而不是个人能力决定了你在整个城市的生存位置，"知识改变命运"的权重变低，出身对于命运的权重变大，社会向上的流动渠道变窄，速度变慢，个人奋斗和个人财富的正相关正在瓦解。

现在还有哪个男青年敢一边高唱《一无所有》一边拉住姑娘的手，让姑娘跟你走？小贝敢吗？当《蜗居》中的海藻被塑造成房价飞涨的受害者的时候，男青年们在想，你们还有当二奶或者小三儿的机会，我们呢？和家庭本来在大都市，以及虽然从中小城市来，但家境宽裕的大学生相比，从中小城市或农村进入大城市工作、家境又普通的"小贝"们成为高房价的最大压力承受者，他们的最新称呼是"贫二代"，他们中暂时找不到工作或者只能找到低薪工作的那个群体，更是被冠以"蚁族"的称号。青春在不知不觉中掉头向下。

"为什么不回到家乡，而一定要在大都市坚持？"有人提出这样的劝告，但对于"贫二代"来说，不是愿意不愿意的问题，而是回不回得去的问题。中国经济的发展模式决定了大部分适合大学生的就业岗位集中在大都市和东部发达地区，而广大的中西部地区和中小城市容纳高素质劳动力的容量有限，在家乡附近的县城或中小城市落脚同样是举目无亲，没人能帮得上忙，为什么要回去？

对于"贫二代"，在大都市坚守并寻找机会是唯一现实的选择。如果抛弃短时间买房子的惯性思维，以房租而不是房价作为生活成本的主要参考目标，你就会发现，其实坚持下去并没多难，在世界大部分国家，进入大城市的年轻人都是这样开始他们自立后的生活的。现在老板们最喜欢招的员工就是已经买了房的男性"房奴"，因为他们已经没有任何重新选择的勇气，即使是一份自己不适合、不喜欢的鸡肋工作也不敢放弃。虽然有一份压力自然会增添努力工作的动力，但带来的负面后果是：错失了选择的机会。当初如果你选择了留在或者进入大都市，那么你的初衷一定是把自己放在了奋斗者的角色上，而奋斗成功的最大可能在于冒险的冲动。当你选择买房的时候，就等于放弃了进攻而选择了防守，这和你当初的选择方向是相背的。

按照房子现有的涨法，是不是意味着"贫二代"永远没有买房的可能性了呢？其实未必。既然现在的社会结构变化是在几年内就发生了，为什么不会在几年内就改变了呢？每个人都有可能成为他们那个时代的牺牲品，但真正因为环境因素被完全牺牲掉的一定是一小部分，大部分人在取得一定的工作经验后都会摆脱青春的困窘。一个大前提是，人才是我们这个国家最缺乏的资源，而在大都市里摸爬滚打，是你成长为人才的最佳途径。

★★★ 听戈说职场：

◎ "富爸爸"说，自己住的房子是负债不是资产。

◎ 债务负担是年轻人最沉重的负担，有了负担就没了勇气，没有勇气就没有机会。奋斗成功的最大可能在于冒险的冲动。

◎ 回过头来看，当时觉得不得了的问题，大多不是什么大问题。

◎ 因为买不起房子而"逃离"大都市是最愚蠢的选择。当然你可以到中小城市寻找更好的机会，但不是"逃离"。

◎ 在同样是举目无亲的地方，你当然要找一个机会多的地方工作。

◎ 对于男青年来说，从长远看，刚毕业几年的时候娶不到老婆其实有很多好处，钻石王老五大多是这么炼成的。

在文理分科的时候站错了队，工作以后是有机会重新选择的，如果有转型的想法，越早动手越好。我就是这样给我的晚辈们提出建议的，目前看来，效果良好。

想转行要趁早

教育部要搞教育中长期改革，列出二十个问题向全国人民征求意见。但人们似乎只对中学是否文理分科这一条更感兴趣，吵成一片。

从清末取消科举制度，引入西学，高中生文理分不分科，成了一个困扰了中国一百多年的问题。1902年，当时的清政府就出台了一个钦定的中学生课程，不分文理科，当时理工科被称为实科。到1909年的时候，学习德国的模式，又在中学分文科和实科。过了几年，民国了，1912年，主管教育部的蔡元培先生，又把文理分科取消了。新中国成立后，沿袭苏联的教育模式，中国的高校文理分得很清楚，所以到高二、高三的时候，学生自然要做一个会影响你一生的选择：学文还是学理？

其实文理分不分科是一个各有利弊、永远也讨论不清楚的问题。有人说，关键的问题是教育观念，关键在于我们怎么看待大学教育。如果我们把教育的目标锁定为培育身心健康有益社会的公民，那么当然文理不应该分科。如果我们认为教育的目标是培育人才，当然是分科的好，最好是从小学一年级时就分，让孩子们心无旁骛，一定可以培育出不少优秀的专才，当然这要以废掉大多数孩子的前程为代价。但我们的答案是——都要，那么这又成了一个无解的问题。

既然如此，我们就不讨论这个无解的问题了，我们只讨论每一个有机会接受大学教育的学生所必须接受的结果——在上高中的时候你就要为自己今后几十年的职业生涯站队。最令人挠头的问题是——在这样一次重要的选择面前，你有可能站错了队。

站错队的通常是中学时各门功课比较均衡，都马马虎虎过得去的学生，大多数情况下他们都在家长的威逼利诱下选择了理科。理由很清晰——学理工科好找工作。如果你还有心不甘，另外一个说服你的理由是：大学学理工科，工作以后转做文科类工作而且做得很优秀的人随手就可以举出无数的例证，而大学学文科转而向理工发展的基本绝迹。这样一来，即使你站错了队，学理科也让你有转型的机会，而一旦选择了文科，绝无改变的机会。

本人就是一个站错队的典型，高考时靠语文和政治的高分勉强进了一所工科大学，念了机械制造这样一个最典型的工科专业，回想起大学四年的课堂，完全可以用苦不堪言四个字来概括，毕业以后进了学校当专业课教师，更觉得索然无味、力不从心、误人子弟。后来转了行，混进记者队伍，深有逃离苦海之感。

过早的文理分科产生了一种思维惯性，就是把人简单地分为适合学理工或者适合学文科两种人，这种机械的分类方式害了不少人。其实，除了一些专业性强的工作比如工程师、教师、医生、记者、作家等等，容纳就业数量最多的职业比如公务员、公司职员等很难说是适合文科还是理科。

一般说来，人们认为数理逻辑比较好的人适合理工，语言能力比较好的人适合文科。但是如果按照美国心理学家加德纳的多元智能理论，人类的智能远不止这两个方面。所谓智能是指每个人与生俱来的属性或能力，除了数理逻辑能力和语言能力，还有一些能力也属于人的基本智能，例如：音乐智能、身体动觉智能、空间智能、人际智能、自我认知智能。如果一个人能够清晰地认清自己的智能优势，会对他的职业生涯产生巨大的帮助。比如：记者、教师、培训师对语言智能的要求比较高；科学家、IT 工程师、会计师对数理逻辑的要求比较高；机械工程师、建筑师、驾驶员、美术设计人员需要更强的空间智能才能胜任他们所从事的工作；销售人员、管理人员、教师、咨询师则需要较高的人际智能；运动员、实验员、演员依赖较高的身体动觉智能；作曲家、歌唱演员需要较高的音乐智能；而较高的自我认知智能则是所有职业岗位上做出杰出贡献的基本条件。

　　不管分不分科，普通教育更多的功能在于传授知识、培养德性，而不是发现或者激发智能，教育只能解决是否干得了一份工作的问题，而不能解决能否干得好一份工作的问题。真正的人尖子都是突破教育的围追堵截自己冒出来，哪里是教育出来的？所以，对于个体的人来说，最好的结果是你基本智能的长项和所学专业恰好合拍，但很多人没有这么幸运，那么我的观点是：智能优先，也就是你的智能结构不适合你现在所从事的工作的话，宁可放弃你所受过的专业教育。不要觉得你一直被别人认为很聪明，就什么都可以干得好，中国人所说的聪明通常意义含糊。在学龄前，聪明的意思是记忆力好，能背诵很多古诗；学生时代，聪明的意思是考试成绩好，总考前几名；成人以后，聪明的意思是有良好的人际关系，上上下下都能搞定。你需要搞清楚的是，按照多元智能理论，你的聪明到底是体现在哪项或者哪几项智能上。

千万不要相信只要努力就会成功的鬼话，除非你在一条适合自己的道路上努力。刘翔就是学一万年围棋也下不过马晓春；马晓春学一万年主持也超不过赵忠祥；赵忠祥学一万年数学也赶不上陈景润；陈景润写一万年小说也写不过贾平凹，贾平凹学一万年唱歌也唱不过刘欢。就是这样。

有前人说，兴趣是最好的老师。兴趣从哪里来？来自于兴趣带来的回报。你做自己最适合的工作而不是中学或者大学一次稀里糊涂地选择带来的专业，你就能够感受到这种回报，有了回报你就对所做的工作有了更浓厚的兴趣。有不少年轻人选了自己不适合的专业，做得力不从心，但由于单位的收入比较好，或者社会地位高，拖延或者放弃了重新选择的机会，最后的结果是在本职工作中永无出头之日。所以，在文理分科的时候站错了队，工作以后是有机会重新选择的，如果有转型的想法，越早动手越好。我就是这样给我亲戚朋友的晚辈们提出建议的，目前看来，效果良好。

◎ 兴趣是最好的老师，兴趣来自于兴趣带来的回报。

◎ 千万不要相信只要努力就会成功的鬼话，除非你在一条适合自己的道路上。

◎ 你喜欢的不一定适合你，但你适合的一定会喜欢。找工作、找伴侣同理。

◎ 在喜欢和适合之间必须二选一的时候，首先考虑适合。

◎ 上大学学的那点专业知识在工作中什么都不是，不喜欢就改行。

◎ 如果你有某种天分，选择职业的时候一定要能用得上，不要轻易浪费。

◎ 刚毕业的几年可以多换几份工作试试，寻找真正适合自己的职业。据说这样会让简历不好看——那就不好看吧。

> 经济社会的发展完全是"黑天鹅"主宰的世界，一只黑天鹅的出现就完全可以摧毁我们多年建立起来的"天鹅都是白的"的基本判断。而在社会经济生活中每一只黑天鹅的出现，都会严重地影响我们的职业选择。

好职业是干出来的，不是选出来的

雷曼兄弟公司的职员用纸箱搬着他们的杂物走出高大的写字楼——这样的照片让人欷歔不已。曾经，他们是最让人艳羡的一群人，如今他们丢了工作，更糟糕的是，他们不太容易找到新的工作，因为整个行业面临危机，没有倒掉的其他投行都在酝酿裁员，哪里还有新的工作职位可提供？

在美国，刚毕业的本科大学生如果能有幸被投行选中，无异于中了彩票。投行提供给他们的是分析员的职位，通常一个职位会从上百个名牌大学的毕业生中挑选，起薪是八到十万美元——这个数字是普通大学毕业生起薪的四到五倍。

如果再有一个 MBA 的名头，很快就会成为经理，年薪十五到二十万美元。这样一直干下去，到四十多岁，如果能混到董事总经理的职位，年薪将达到一百万美元。在这个行业流行的观点是，拼命地工作，等到四十多岁的时候富足而退，去过第二个人生——自己想干点什么就干点什么的日子。

现任摩根大通中国区主席的李小加曾经这样说起他二十年前第一次到华尔街工作时的经历：老板邀请他暑假来公司实习，临走时轻描淡写地说你的酬劳是一千六百美元。李小加理解的是两个月暑假的报酬，心中暗喜，老板补充说"这是一周的报酬"。

穿西装，挣高薪，坐飞机满天飞，住五星级酒店，吃喝全部报销，对于初入职场的年轻人，还有比这更爽的工作吗？一位在国际著名咨询公司工作的朋友告诉我，他们公司几年前有五位同事同时考取了 MBA，去年毕业，其中的四位去了投行，只有一位回到了咨询行业，一副灰头土脸的样子。不过，现在那四位中的一位已经丢了工作，剩下的三位每天都在担心自己的饭碗。

同样的故事在几年前曾经上演过一回。网络烧钱最狠的2000 年，我的不少同事被高薪挖到了网络公司，工资至少翻番。一个哥们儿上班第二个月就买了大房子，第三个月就失业了。他们能告诉你一个月可以给你多少钱，但不能保证你可以挣多长时间。

对于金融危机中失去工作的投行职员来说，如果是干过几年的中层，到谋求上市或者有投资业务的企业谋个副总、总监什么的职位还比较容易。苦的是刚入职不久的新人和年龄偏大的高管。对于缺乏职业积累的新人，到其他行业等于从头干起，薪酬待遇和职业成就感上的落差心理上一时间很难适应。而对于高管，根本找不到可以容身的企业和职位，不少人只能是提前退休去过第二个人生了。

考大学选择专业，是最让家长和学生头疼的事。大多数情况下，人们选择有可能决定一生命运专业的时候，和农民选择种什么庄稼一样的盲目。农民总是以今年什么卖得好来决定明年种哪种庄稼或经济作物，但在大部分情况下，因为大家都采用同样的预测方法，第二年大部分人的选择肯定是错误的——因为种的人多，价格一定会跌下来。大部分人报考专业的时候，家长们也总是选择目前挣钱多、社会地位高的专业，大学的专业也以这样的逻辑来调整，等到毕业的时候才发现，这些热门专业的毕业生已经远远供大于求。

经济社会的发展完全是"黑天鹅"主宰的世界，一只黑天鹅的出现就完全可以摧毁我们多年建立起来的"天鹅都是白的"的基本判断。而在社会经济生活中，每一只黑天鹅的出现都会严重地影响我们的职业选择。

我上大学的时候学的是机械制造专业，在上世纪八十年代这是一个被认为最保险的专业，走到哪里都有饭吃的那种。我的大部分同学都被分配到大型的国有企业——那个时候大学生都是国家包分配的，只要考上大学就意味着抱上了国家的铁饭碗。谁知道毕业几年以后就遇到了国有企业，尤其是机械制造业的普遍不景气，在长达近十年的时间里，一些同学所在企业的效益都没有好过。有人熬不住，中途跑出来改了行，有的做得好，也有很多不如意的。有的人一直把企业熬死，没有办法只好自己创业，现在也是把企业做得风生水起。还有的终于熬出了头，成了技术上的大拿，现在整天被猎头挖来挖去，日子爽得不得了。这么一总结，连我自己也糊涂了，当初我们选择或者被选择学的这个专业到底是对还是错？就算是现在丢了工作的投行职员，虽然有的人会悔不当初，但你能确定过一两年这个行当不会又吃香起来吗？

　　说来说去，按照专业的现实吃香程度来选择专业基本上是一件不靠谱的事情，如果我们以整个职业生涯来作为评判依据的话，念大学的时候考到什么专业是最佳选择是一个没有答案的伪命题。谁知道未来的发展会把你当初认为的好专业推到什么样的境况中？谁又知道在未来几十年的时间里，你的人生目标和价值观又会发生什么样的改变？就像我到现在也不能判定，当初花了四年的时间念了一个自己不喜欢又很吃力的专业，而现在干着和当初的专业毫无关联的事情，这到底是不是算走了很大的弯路？

如果我们能把整个人生当做一道方程式来解答，或者当做一笔生意来清晰地计算出它的投入和利润，那么在专业或是职业的选择上就可以保持更轻松的心态，就更能够听从自己内心的召唤，选择自己最喜欢和最胜任的专业或者职业，并在人生的每一个阶段不断地调整目标和心态，享受做自己喜欢工作的过程，并坦然地接受最后的结果。当然，现实的利益是永远需要考虑的重要因素之一，但也只是因素之一。

除了专业和职业本身的经济回报和社会地位，最终决定你职业成就的是另外一些因素：你是否喜欢、是否适合、是否努力——还有，就是机遇。人生的好玩之处就在这里，像搓麻牌的好坏只是你和牌的要素之一，很重要，但不是全部。

◎ 没有成功的职业，只有成功的事业。

◎ 他们能告诉你一个月可以给你多少钱，但不能保证你可以挣多长时间。

◎ 你在某个职业中所处的位置，比你选择哪个职业更重要。

◎ 职业的吃香与否永远在变化之中，再有见识的父母也不可能帮你选到理想的职业。

◎ 在社会经济生活中，每一只黑天鹅的出现都会严重地影响职业选择的正确性。

◎ 人挪活，树挪死，但要往自己适合的方向挪，而不是往自己喜欢的地方挪。

◎ 不但社会对一个职业的价值判断会变化，你自己对一个职业的看法也会变化，因为你的价值观也在随着年龄的增长而变化。不同的年龄看重的东西不一样。

就如同顾客总是对的那样，在招聘市场上，雇主总是对的。在看似不合理的条件下，一定会有你所不了解的隐情。规则是人制定的，当你看到洗菜工、最低在偏远地方工作三年这样的字眼的时候，很容易就否定了这份工作的价值。

洗菜工也许是个好工作

一则厦门公安局的招聘启事惹得大学生们，尤其是中文、新闻专业的大学生们群情激奋：

岗位：洗菜工。条件：本市户口，厦门生源毕业生，年龄在30周岁以下，女性，身高158cm以上，五官端正，身体健康；能长期扎根边远山区执勤点，能吃苦耐劳、需一专多能，除从事洗菜工作外，需兼职从事执勤点新闻宣传工作，且在该执勤点最低工作年限为3年；具有国家承认的本科及以上学历，中文、新闻专业，有2年以上文秘写作工作经验。

这是被记者简化过的那则招聘启事。网上的原文还要复杂详细得多，包括该职位不属于公务员编制，有三险一金等等，也就是说这是一个严肃的、符合人力资源专业惯例的招聘启事。它的全称是"2009年厦门市公安局翔安分局公安非在编雇用人员招聘简章"，公布在翔安区政府网上。有人称之为"史上最牛的招聘启事"，大学生们不能容忍的是他们招一个洗菜工竟敢把大学本科毕业作为学历起点，是可忍孰不可忍！网上的声讨异口同声，无非是让大学生做洗菜工是不尊重知识、浪费人才等腔调。的确，一个合格的洗菜工并不需要大学本科中文或新闻专业的知识背景，做好这份工作和学历没有必然关系。那么为什么还会有这样一个雷人的招聘启事呢？政府的人事干部这么弱智吗？其实如果认真地读读这份招聘启事，就可以明白——这里面的潜台词是：上级部门批准的招聘职位是洗菜工，而公安局需要的是一位通讯员。

　　按照用人规定，公安分局是不可能被同意招聘一位专职通讯员的，而为偏僻的执勤点申请一名帮厨、保证干警的吃饭问题是一个合乎情理的要求。没办法，公安分局的人事干部就想出来这个一箭双雕的办法。"我本将心向明月，无奈明月照沟渠"，不解风情的大学生们不但没有珍惜这个有可能的机遇，还把领导的一番苦心当做对自己的羞辱。

我们设想一下，如果你是一位中文或者新闻专业毕业的女生，你作为唯一的应聘者轻而易举地获得了那个职位，去了那个传说中的执勤点，警察们会真的忍心让你去洗菜？肯定会有年轻的干警天天往厨房里跑，抢下你手中正在洗的菜，让你安心去写新闻稿，领导也会眼巴巴地期待着你的稿子见报或者登上分局、市局的内部简报，好让上面的领导们知道自己这个小执勤点的全体干警如何在他的带领下和周围群众打成一片，扶危济困，打恶锄奸。

你只需要一篇好稿，就会被调到派出所，结束自己名义上的洗菜生涯，而成为派出所支部书记、所长的御用文人。再有几篇稿子，分局就会向派出所要人，派出所在万分惋惜中把你送到分局。以此类推，某一天，当看过你文章的一位领导得知你当初是主动应聘一个说好扎根基层做三年洗菜工的职位而来的女大学生，一定会被你感动，说不定几年之内，你就通过某种途径解决了公务员的身份问题，坐在市公安局宣教科的办公室里了。

当然如果你认为公安局的宣教干事也不是一个可羡慕的工作，那你就根本不用去想这份工作了。我的意思是，那些认为有公务员身份的公安局宣教干事是一份好工作，而执勤点的洗菜工是一份不值得考虑的工作的大学生们，你们没有看到这两个职位之间是有一条通道的，并且实践证明，这往往是一个实现概率很高的通道。不信你可以去问问职场上比较成功的前辈们，看看是不是有不少人是通过类似的通道走到现在的职位上的。知道吴士宏吗？她就是以清扫员的身份被招到 IBM 中国公司，最后成为一把手的。

这样的推论太乐观了吗？咱们往悲观点说。你必须完成每天的洗菜任务，没人心疼你，但你得为改变自己的处境做些什么吧？你利用业余时间采访写稿，同时学习新闻写作，即使领导眼拙，你一定有机会和媒体的跑口记者建立联系，反正也不是公务员身份，辞了呗，到报社或者电视台应聘专职记者去，有了这段业余通讯员的职业经历加上一点点的人脉关系，你在应聘记者的时候比那些一直没有从业机会的同学就有了优势。

你需要问清楚公安局人事干部的只是："你们真的需要一个能写新闻稿的洗菜工吗？"如果答案是肯定的，同时你又是一名尚未找到工作的中文或者新闻专业的本科毕业的女生，你为什么不去试试呢？现在后悔了？已经晚了，在大学生的声讨下，公安局已经把应聘条件降低到大专，对于就业期望更低些的大专毕业生，会有不少人去应聘这份工作，你已经没有把握在这次竞争中胜出了。

就如同顾客总是对的那样，在招聘市场上雇主总是对的。

在看似不合理的条件下，一定会有你所不了解的隐情。规则是人制定的，当你看到洗菜工、最低在偏远地方工作三年这样的字眼的时候，很容易就否定了这份工作的价值。

一般来讲，对大部分大学生来说，第一份工作完全如意的不多，你需要判断眼前的这份工作和你理想工作之间的通道是否存在，而不能仅仅相信一份招聘启事中那些表面的承诺或者条件。

你可能已经不大相信那些把招聘职位说得天花乱坠的雇主做出的承诺，同时也就不一定相信那些把招聘职位描述得很惨的单位会按照当初的招聘启事来约束自己使用人才的策略和方法。

一切都事在人为，只要你能挤进那扇门。

◎ 不管多么复杂的招聘过程，都比不了一个星期的实际工作更能清楚地考察一个人。

◎ 真正决定你未来的不是招聘启事和招聘官，而是你每天在一起工作的上司和同事。

◎ 一旦你进入了一个单位，你就从"外人"变成了"自己人"。所有的组织对"自己人"的条件都要比"外人"宽松得多。

◎ 一切都事在人为，只要你能挤进那扇门。

◎ 应聘的时候，不要低估雇主的智商，任何看似不合逻辑的条件，背后一定有你看不到的隐情。

◎ 大部分情况下，新岗位的人选都会从领导的旧部下中产生，只有万般无奈的情况下才会再招新人。

跳还是不跳，最后的决定就是你把旧的工作和新的工作进行比价估值后的结果。按照现代经济学的原理，在每一次交易进行的时候，所有的人都会认为自己是这一单交易的受益者，偏偏在跳槽这件事情上，看不清楚的地方太多，让交易者心烦意乱。

很多人在事到临头的时候才会匆匆做出选择，往往这会让你低估了现有工作的价值，因为没有慎重思考的过程，你就不会把工作给你带来的额外影响算在里面，而只估算了薪酬福利的差别。这样的交易不断地进行下去，你就是在贬值。

○ 很多人去念MBA，看重的是"硕士"的文凭和所谓的"圈子"，而没有看重"管理"，没有学到"管理"。结果是知识长了，能力没长；脾气长了，涵养没长；见识长了，眼光没长；圈子大了，朋友没多。

MBA，越念越傻吗？

工作不顺心的时候，升职受阻的时候，当然还包括遇到什么劳什子金融危机的时候，人们往往会想起再去念书的事儿。

校园是每一个员工心里的故乡——如果他曾经念过大学的话。已经毕业十来年、爬上中高层职位的，一般选择去念昂贵的EMBA，别称"容易的MBA"。刚毕业几年的，因为还有下工夫念书的习惯，也没有雄厚的财力，自然选择MBA。职业专家告诉我们，那是一个乌鸡变凤凰的必修课程，有了这个头衔，你就迈上了职业经理人的康庄大道。

十几年前，我知道了 MBA 这个拼写的意思。因为刚大学毕业时间不是很长，就有掺和一下的冲动。那个时候国内刚刚开始 MBA 教育，只有中欧工商管理学院一家已经招生，其他几家还在筹备中。在"工商管理硕士"这六个字里，自己骨子里其实最看重的是硕士这两个字，从中透出的是对考取普通研究生缺乏信心，退而求其次的无奈。

尽管后来实在是因为对于英语考试缺乏信心，连名都没有去报一个，但在这期间做了一件事，到现在都感觉受益匪浅——断断续续地把一本逻辑考试辅导书上的试题做了一遍。尽管读了十几年书，但从来没有受过这种通过周密的逻辑推理对事情进行判断的教育或训练——而这种思考和做事的习惯正是成为一名管理者的基础。

现在看来，其实我当时的理解完全不对，"工商管理硕士"这六个字里面，最不重要的是"硕士"二字，最重要的也不是"工商"两个字，而是"管理"这两个字。

"工商"是知识，通过工作和学习很容易积累；"硕士"是名头，会考试，肯吃苦也不难拿下；就是"管理"这两个字最难，它既是思维方式，也是行为习惯，它需要工作中的体会与思考，也需要正规的学习和训练。MBA 学的就是管理之道。

正如德鲁克在《卓有成效的管理者》一书所说，管理其实不一定是指手下一定要管多少个人，而是说只要你是一个

53

知识工作者，你就要学会卓有成效的管理。只要你是一个知识工作者，也就是说你主要是靠头脑而不是用体力来养家糊口，尽管你可能没有一个下属，你的成就也是更多地取决于你的管理水平而不仅仅是智力水平——你对自己时间的管理、你对客户或者服务对象的管理、你对合作者的管理，甚至包括你对上司的管理等等。

在公司里工作，你必须要成为一个管理者，念一个MBA，似乎也就成了必由之路，但有人不这么认为。

在2006年年初，"2005CCTV中国年度雇主调查"活动的颁奖晚会上，获得最佳雇主奖的代表马云在回答"孙悟空有一个难得的进修机会，作为唐僧的你会不会放他走？"这道问题的时候，选择了"不会"。马云大声宣布，工作是最好的学习，他们公司所有去念MBA的回来以后都比以前傻了，他至今没有看到念完以后变聪明的，现场哗然。

作为活动的总导演，坐在编辑机前，我犹豫了很长时间是否把这段话删掉。在央视这样一个平台上，在"雇主调查"这样很认真地讨论员工关系和管理之道的节目中，马云这样一个知名度很高的著名企业家，以这样一种简单片面的语言来评价一种国际通行的教育方式，对几十万名学生的动机和努力进行否定是否合适？但最后我还是没有下剪刀。作为一个有影响的企业家，他应当清楚地知道他当时表达的是什么意思，会导致什么影响，并且作为一个成功企业的领导者，在这件事情上他有发言权。

而且，从内心来讲，我并不完全否认他的观点。作为一个自己没上过 MBA 也没有拿到任何其他的硕士、博士学位的本科生，持有这样的论调很容易被归为酸葡萄心理，因为自己没有机会拿到更高层次的文凭，所以本能地就会在思想上积极拥护所有贬低文凭、看重才能的言论。

我不否认自己会有这种摆不上桌面的"阴暗心理"，但的确是可以搬得出一些证据支持这种看法的。我曾经长期供职的央视经济频道《绝对挑战》栏目，在挑战职位的应聘者中，的确能够看到不少像马云描述的那种"越学越傻"的 MBA。在好几期节目中，三位进入最后决赛的名牌大学 MBA，回答大部分问题时都会做同样的选择，并且在阐述他们为什么这么回答问题的时候都强烈地透露出这样的信息——因为教科书上是这么教的。这使精心设计考题的专家和导演们非常郁闷。

很多人去念 MBA，看重的是"硕士"的文凭和所谓的"圈子"，而没有看重"管理"，没有学到"管理"。结果是知识长了，能力没长；脾气长了，涵养没长；见识长了，眼光没长；圈子大了，朋友没多。导致这样的结果和学生的认识有关，也和学校教学导向和教学水平有关，MBA 如果念出这么个结果，不念也罢。

当然可能还有其他的原因：马云在公众场合说话时，习惯于语不惊人死不休；再一个原因是我的推断：他没有把那些MBA 学习回来的人才用在合适的岗位上，或者说那些学完MBA 的员工已经没有必要再回到自己的老东家那里。

在一家知名度高、待遇不错的好企业，你去上学的这几年，已经有大量的才俊涌进来，你回来还能有那么合适自己的位子？只是老东家顾及以前的情谊给你安排一个地方，你能显出来比以前更聪明。所以念完 MBA 选择在哪里打工，选择谁当自己的老板可能也决定了自己是比以前更傻了还是更聪明了。三年的宝贵时间，你承担的是巨大的机会成本。金钱和时间的海量付出，目标一定要定得清晰，在不顺心的时候轻易地选择去念书是一种逃避。

念 MBA 只是提供了职业成长的更多的可能性，而不是成为一个管理者的先决条件。念还是不念？这是个问题。念完了走什么样的路？这也是一个问题。在做出决定之前，你需要多问几遍自己："我想好了吗？"

◎ 三年的宝贵时间，你承担的是巨大的机会成本。

◎ 在不顺心的时候轻易地选择去念书是一种逃避，此时的选择很可能是盲目的。

◎ 念书是为了跳槽，如果不愿意离开原来的公司就不要选择脱产去念书。

◎ 不要拿企业的钱去念 MBA。看上去是福利，其实是枷锁。

◎ 一定要工作几年以后再去念，没有工作经验的 MBA 没有价值。

◎ 念书只能增加见识，不会培养出能力。

◎ 不要抱着建立新"圈子"的想法去念"MBA"。EMBA 的"圈子"才是有价值的"圈子"，MBA 的"圈子"其实是"套子"。

> 对于绝大部分人来说，创业的念头来自于对行业的了解和人脉关系的建立，这里形成了一个深刻的悖论：当你拥有这一切的时候，你大体可以在职场上混得不错，当你已经混得不错的时候，你就很难放弃已经拥有和即将拥有的利益。

创业：从"美国梦"到"中国梦"

美国大选算得上是一场超级真人秀，在清晰的规则下，选手依次登场，从党内初选的PK，到全国大选的PK，一路走来，精彩纷呈。这次美国大选PK出的前五名依次是奥巴马、麦凯恩、佩林、拜登和希拉里，第六个人是谁呢？——管道工老乔。老乔本来不是选手，却因为一次偶然的机缘巧合加入进来，成为一个计划外的超级明星。

如果麦凯恩能像共和党所希望的那样在最后关头翻盘，管道工老乔将是起决定作用的人，那样乔就可以被称作"史上最牛管道工"了。

离投票还有一个星期的时间，俄亥俄州的管道工乔正在和自己的孩子玩橄榄球，正巧奥巴马前来挨家挨户地拜票。老乔做出了他人生最正确的一次选择——他凑上去问了一个记者和主持人们策划三天都不可能问出来的问题："我是个管道工，工作非常努力，经常一天干十二个小时。我有我的'美国梦'。现在我可能买下我为之工作多年的公司。如果成功的话，我一年就会挣二十五万美元以上。而照你的政策，你要在我头上加税。对不对？"奥巴马立即意识到这是个不友好的问题，没有正面回答，而是耐心解释："事情也可以这么看。你现在可能有钱了，但是你要工作多年才能有现在的能力。几年前，你也许就挣几万块。我的政策，帮助的是过去几年的你，帮助你快一点获得现在的财富。另外，如果你经营管道公司，也希望更多的人能够有钱来支付你的服务。所以，多散点财，对大家都有好处。"

　　这段录像被麦凯恩的竞选团队看到了，他们似乎从中看到了绝地反击的突破口。于是在最后一场电视辩论中老乔成了麦凯恩的救命稻草："在目前的经济情况下，我不理解奥巴马参议员为什么要提高税收。奥巴马参议员要把钱从人家的口袋中拿走，由他来散掉。我要对我的朋友乔说：我决不会从你兜里把你的血汗钱拿走而交给奥巴马参议员这样的人去支配。这是你的钱。我低税的政策就是让你留住自己的钱，用来发展你的事业、雇佣更多的员工，让你来决定如何使用自己的财产。"奥巴马不甘示弱，也马上对乔直接喊话："乔，如果你真要创办自己的事业，我的政策给小企业许多优惠。你从我这里大概得到的更多。"结果，两人围绕着乔唇枪舌剑。有人统计，在整个辩论中，乔这个名字被提及二十六次。

在上亿美国选民面前，被最有可能成为美国总统的两个人在一个小时内二十六次提到名字，老乔一炮走红。

按照中国的算法，管道工老乔属于低收入阶层。而在美国，老乔是一个典型的中产阶级——有一技之长，有稳定的工作。美国人把家庭年收入在三万到二十五万的人群都算作中产阶级，按照这样的算法，80%的美国人都属于中产阶级。要么你能做到大公司的高管，要么你有自己的公司，要么你有数量可观的"财产性"收入，对于大多数人来说，靠打工每年赚到二十五万以上基本没戏。所以奥巴马要给年收入二十五万以上的美国人加税，因此奥巴马被看做是美国社会主义事业的先行者。

在充满机会的中国，人们在一个行当里混了几年，基本摸清了自己这门生意的门道，自己创业的念头就会悄然而至，潜伏在心底，而当职业生涯遇到瓶颈，或者遇到一个看起来不错的机会，这念头就会蠢蠢欲动。"人到中年，再不行动就没有机会了。"——这个声音不时在耳边萦绕。"创业的风险太大，搞不好我将失去现在所拥有的一切。"——另外一个声音马上又会响起。"晚上想了千条路，早晨起来卖豆腐"，大部分人在左思右想若干年后，年龄越来越大，胆子越来越小，带着些许遗憾，最终告别有可能根本改变命运的梦想。

他们慢慢地想明白了一件事，创业虽然是改变社会地位的一次努力，但更是一种人生态度和一种生活方式。越是受过良好的教育，越容易凭着自己的教育立足于竞争中的人就越要承担更多的创业成本。对于懂一点经济学常识的人来说，创业的投入产出比完全不可控，创业基本上不属于数学乃至经济学的论证范畴，而属于心理学和哲学的研究领域。

你可以给我举很多诸如比尔·盖茨、拉里·佩林乃至李彦宏、马云、丁磊这样的创业英雄的例子，但你一定要相信，他们的成功是极端的个案。每个领域都有天才，天才都是在很年轻的时候就体现出他们的卓尔不群，天才只能仰慕，无法效仿。

对于绝大部分人来说，创业的念头来自于对行业的了解和人脉关系的建立，这里形成一个深刻的悖论：当你拥有这一切的时候，你大体可以在职场上混得不错，当你已经混得不错的时候，你就很难放弃已经拥有和即将拥有的利益。

相对而言，像老乔这样的人更可能迈出创业这一步，作为一个资深管道工，职业生涯给他提供的想象空间有限，创业失败所承担的机会成本也不很高，大不了再回来吃自己的技术饭，但有可能存在的成功却可以给他带来人生的根本改变，所以他希望政府给他提供更好的创业环境，所以对老乔而言，是把选票投给承诺让他现在的日子过得更安稳的奥巴马，还是答应让他的创业尝试更具希望的麦凯恩？这成为困扰老乔们的一个问题。

麦凯恩承诺的是老乔们有可能的未来，而奥巴马面对的是老乔们的现在。创业者在任何一个国家都是少数——即使是在最鼓励创业、最尊崇个人奋斗的美国，所以奥巴马赢了。即使把老乔的故事移到中国，相信也是同样的结果。

就业还是创业，政策的鼓励固然重要，但对于未来不确定性的恐惧永远最深刻地影响着人们的选择，政策倡导影响有限。所以创业作为一种激进的人类行为，基本属于不知天高地厚、没有什么可失去的年轻人和对未来看不到希望、但具有强烈改变现实愿望的中年人。那些没有经历离婚、职场失意等重大挫折，也没有决心放弃现在所拥有的一切利益的职场中坚们，还是洗洗睡吧。

★★★ 听戈说职场：

◎ 永远没有创业的最佳时期，要想创业，就要先改变自己的价值观。

◎ 创业的念头来自于对行业的了解和人脉关系的建立。但当你拥有这一切的时候，你大体可以在职场上混得不错，而当你已经混得不错的时候，你就很难放弃已经拥有的利益。

◎ 创业是对你野生能力的考试，你原来的职位和地位在创业时有可能被清零。

◎ 越是受过良好的教育，越是凭借自己教育背景立足的人就越要承担更多的创业成本。

◎ 创业的投入产出比完全不可控，不属于经济学的论证范畴。

◎ 大部分创业者开始创业的项目会失败，大部分创业者最终会成功。但这期间有一个漫长并令人感到窒息的过程。

◎ 创业结果最差的是那些开始创业但没有坚持下去的人。

◎ 对于大部分职场中年人来说，如果不创业，就做好江河日下的心理准备吧。

李开复已经用不着为改变自己家人的命运来创业，他选择的是改变那些心怀梦想、才能卓著的年轻人的命运。"帮助他人实现他们的梦想，是唯一比实现自己的梦想更有意义的事情"，老师的这句话鼓舞着李开复进行了他目前为止最冒险的一次选择。

李开复无法模仿

比起上一次离职和老东家弄得反目成仇、满城风雨，李开复这一次走得从容多了。刚刚办完离职手续，就在紧邻谷歌中国的一幢楼里开了光鲜的新闻发布会。很多被邀请参加新闻发布会的记者把车就停在了谷歌的办公楼前，然后寻找李开复新的办公地点。

打工仔能够做到的最高境界是什么？不是唐骏不知真假的一亿年薪，而是像李开复这样在离职创业的时候有郭台铭、柳传志、俞敏洪这样的业界大佬争先恐后地来帮衬。在现场，富士通集团董事长郭台铭从衣袋里摸出讲稿，慢慢地打开，戴上花镜，然后一字一句地念完。在以前这叫露怯——讲几句话还要讲稿？搁现在，这叫待遇——只有在十分庄重的场合，那些有头脸的大佬们才会事先熬油费墨地写好讲稿，并且，认真地念完。

苹果公司六年、微软公司五年、谷歌公司四年，在全球IT界李开复的履历估计无人出其右，总是在最恰当的时间进入领导技术潮流的最前沿，在中国的IT界已经再没有其他的职位容纳李开复做"最好的自己"，而他依然在梦想着"世界因你而不同"。于是，李开复自己创业了。在他离职创业时同步面世的自传《世界因你不同》的引言中，李开复使用的标题是"从心选择"。从"新"到"心"，是一个不安分的人对职业选择的终极目标，李开复在四十八岁的时候，这样做了。

李开复在谷歌中国的四年，的确让我的世界因他而与以往不同。现在几乎每天我都会使用谷歌的翻译功能浏览外国媒体的网页，在出门参加一个会议或者见一个什么人之前先在谷歌地图上查找一下线路。

如果你每天的工作能让这个世界变得更好一点的话，所产生的成就感的确可以让你热爱自己的职业，但如果你可以让自己的工作直接改变一些人的命运的话，那么这无疑是一份各家值得选择的职业，创业就是这样的职业或者叫做事业。

李开复已经用不着为改变自己家人的命运来创业，他选择的是改变那些心怀梦想、才能卓著的年轻人的命运。"帮助他人实现他们的梦想，是唯一比实现自己的梦想更有意义的事情"，老师的这句话鼓舞着李开复进行了他目前为止最冒险的一次选择。

在此之前，我们看到的同在 IT 界的另外一个高级职业经理人的创业故事是新浪网的前 CEO 王志东，在黯然离开新浪之后，年轻的王志东选择了创业，成立了点击科技公司。现在这家公司已经成为中关村成千上万的创业型公司中默默无闻的一家，距离人们期待中的重新崛起越来越远。当然，李开复的创业环境非王志东所能比，但他面临的挑战比起王志东来更加艰巨。在工程技术界，工程师——职业经理人——创业者，似乎是一个顺理成章的路径，很多人走的都是这条路，这条路径的好处是自己多年的经验积累和人脉关系都可以带到自己新公司的平台上，但李开复不同，虽然他的投资公司辅助的方向依然以 IT 行业为主，但天使投资和 IT 技术完全是两个不同的领域。

真正 180 度的大改行，不是从工程师做成导演，也不是从教师做成记者，而是从打工的改成当老板。创业肯定是改行，改行不一定是创业，李开复选择的其实是改行的平方。尽管有多年来帮助年轻人改变人生的尝试，但站在大学的讲台上帮助年轻人实现自我的工作和发现好的项目进行投资的工作相去十万八千里。有人问著名的股评家，你讲得这么好，炒股也一定挣了大钱，股评家凑过来小声说：要是炒得好，谁还在这里劳神费力地挣这点辛苦钱？

　　无论是想改变自己的命运，还是想改变别人的命运，创业永远是很多积累了一定经验的职场人士挥之不去的梦想。但创业的过程就是从大船跳到小舢板的过程，在谷歌中国，李开复虽然从一个普通员工开始干起，但他的后面是数万由全球一流技术人员和优秀的管理人员组成的团队、是已经在全世界建立起来的品牌和商业模式，而现在，和李开复跳上小舢板的除了自己，只有几个年轻人。郭台铭们提供的只是一艘质量超群的小舢板，当然他还有无数的人呐喊助威，有最先进的导航设备，但驾驶一条大船和掌控一艘小船所需要的技术和意志完全不同。

　　李开复在他的著作中反复向人们传递这样一种信号：不断地挑战自己，才能挖掘出自己的潜能，每个人的潜能都无比巨大。但概率告诉我们，总是有极少的人和大多数人不同，他们的智商和情商是普通人的 N 次方。

　　对于大多数人来说，转行是一种近似疯狂的冒险，当你把基于经济学的理性思考方式转化成浪漫的人生态度的思考之后，你可能做出转行的选择，但那一定是挑战大于机遇，失败大于成功。

当你做好输光现有的一切且能无怨无悔的准备的时候，那么你就出发吧。就像现在的李开复一样，对自己说：是的，我准备好了。

★★★ 听戈说职场：━━━━━━━━━━━━━━━○

◎ 职业经理人如果有创业的梦想，一定要未雨绸缪，把公司品牌转化为个人品牌。

◎ 真正 180 度的大改行，不是从工程师做成导演，也不是从教师做成记者，而是从打工的改成当老板。

◎ 李开复的创业是另一种退休，和大部分人的创业不可同日而语。

◎ 大部分人创业是为了致富，少部分人创业是为谋求自我价值的实现。此创业和彼创业出发点不同，遇到的问题也不同。

跳，还是不跳，最后的决定就是你把旧的工作和新的工作进行比价估值后的结果。按照现代经济学的原理，在每一次交易进行的时候所有的人都会认为自己是这一单交易的受益者，偏偏在跳槽这件事情上，看不清楚的地方太多，让交易者心烦意乱。

跳，还是不跳

一群传统媒体（报纸、杂志、电视）的资深人士在一起聚会，谈的是"新媒体与老媒体"的话题。说到一位往日的同行跳槽到网络新媒体，年薪过了百万，一下子涨了四五倍，众皆哑然。一人掰完手指，小声说道：靠，即使当牛作马，也值了。

同行离谱的高薪让这些平日爱谈谈理想、情怀的媒体人心理瞬间失衡，之后，大家继续讨论，说来说去，尽管对百万年薪充满了艳羡，但认真地思考过自己的职业生涯之后，没有谁把年薪作为自己改变职业的唯一条件。

甲说：以前因为自己的虚荣心来电视台工作，现在是因为女儿的虚荣心继续干下去。曾经想跳槽到企业去挣更多的钱，但上初中的女儿更希望自己的爹是电视台的记者而不是什么公司的总监。

乙说：还有啥工作能让我像现在一样有这么多读书的时间呢？把业余爱好和挣钱养家的活一起干，这样的活其实也不太好找。

丙说：尽管这个词现在说出来会让人笑话，但当我们严肃地讨论为什么坚持现在工作的时候，我还得说"使命"两个字。

其实在每一个职业的圈子里都有这样的对话，如果你还没有跳槽的打算，那么你总会找到不同的理由来证明自己还战斗在现在岗位上的必然性。有的是舍不得眼前的待遇；有的是舍不得眼看就要到手的职位；有的是舍不得现在的团队；有的是不忍辜负老板的期望；对于小年轻来说，甚至就是因为喜欢办公桌对面的一位异性。这种理由往往是一种看起来有些不那么实在的因素，说穿了是一种感觉。

在做"最佳雇主调查"的时候我有一个发现：一个人加入一个公司和留在一个公司的原因是不一样的。我们把和选择工作相关的十几个元素列出来让大家选择。但把"我为什么选择来这家公司"和"我为什么没有离开这家公司"作为两个问题分别列出。

在加入一个公司的时候人们更多看中的是外化条件：薪酬

福利、办公条件甚至公司和家的距离，而且在相当多的时候，不是那个公司更吸引你，那个工作更吸引你，而是你当时被某种情绪左右着，希望迅速有一个改变，那种决断比起离开一个职位，一般来说更加的简单和盲目，你只能通过一些看得见、摸得着，甚至可以落实在劳动合同上的因素来为自己的决定做参考。而留在一个地方的最重要的原因是对这份工作的内心感受，比起求一个新职要复杂得多，我总结为成就感、成长感、归属感，一般来说，你在现在的岗位上如果可以感受到其中的两项，那么，你离开自己服务的雇主就一定会经历几个辗转反侧、夜不能寐的夜晚。

很多时候，我们怀着巨大的渴望，经过努力而得到的东西，却和我们原来想的完全不一样。找工作也是这样，很多人在进入到新的工作岗位以后，在相当长的一段时间都不能适应，甚至怀疑是否做了一个错误的选择。当你终于把一份工作干的得心应手的时候，经济学上边际效益递减的原则又开始发挥作用。很多你看得很重的东西一旦你已经得到，那么它对你的价值就会下降。在最初的新鲜感过去之后，即使在外行人看着风光无限的工作其实也被一个又一个平凡的工作日消磨得了无趣味。于是，每当过一段时间，跳槽甚至转行的诱惑会再一次让你怦然心动，你想接受新的挑战，也许你认为自己在其他的方面还有待开发的潜能？

没有什么东西是不可以交易的，但很多人并不能给自己的机会成本定出一个清晰的价格。当你还在留恋自己现在这份工作的时候，你会给新的买家出一个大价钱作为你放弃现在的一切的补偿。但很多时候我们不知道，现在所拥有的一切到底值多少钱。不好判断的原因是一份工作远不是一份养家糊口的差事所能代表的，在二十多岁到六十多岁这四十年的时光中，一份工作几乎就是你的全部。你住什么样的房子、使用什么样的交通工具、娶什么样的老婆（嫁什么样的老公和职业的相关度要低得多）、有什么样的社会地位、在什么样的圈子交往，全和你的那份工作直接相关。在现代社会中"你是干什么的"远比"你是谁"更重要。即使你真的继承了万贯家财，但没有一份正经的工作也很难让人尊敬。

　　因此，给你现在的这份工作估值就非常的重要，尽管现在甚至有一套办法给"品牌"这样虚无缥缈的东西估价，但还真没有人给每个人的现有职业估价，我认识很多人力资源领域的专家，没有一个人是干这一行的。

　　跳，还是不跳，最后的决定就是你把旧的工作和新的工作进行比价估值后的结果。按照现代经济学的原理，在每一次交易进行的时候所有的人都会认为自己是这一单交易的受益者，偏偏在跳槽这件事情上，看不清楚的地方太多，让交易者心烦意乱。

很多人在事到临头的时候才会匆匆做出选择，往往这会让你低估了现有工作的价值，因为没有慎重思考的过程，你就不会把工作给你带来的额外影响算在里面，而只估算了薪酬福利的差别，这样的交易不断地进行下去，你就是在贬值。

◎ 用不着觉得对不起谁，跳槽和公司解雇你一样天经地义。你给老板重新思考用人方略的提醒，也给了别人升迁的机会，有什么不好意思呢？

◎ 一定要在职时跳。离职以后跳，相当于把自己挥泪大甩卖。这样的交易不断地进行下去，你就是不断在贬值。

◎ 公司裁人的时候，热烈地希望自己在名单之中。这是职业经理人的最高境界。

◎ 即使没有跳槽的打算，也要不断地估算自己的价格（不是价值）。

◎ 偷偷到别的公司应聘一下，是个估价的好办法。

◎ 准备着，时刻准备着跳槽，这并不影响经理人的职业操守。

◎ 并不一定要等有人盛情邀请的时候才跳槽，自己主动应聘并不掉价。

◎ 交几个猎头或从事人力资源的人做朋友。

对于生于上世纪六、七十年代，新近进入中年人行列的人们来说，大部分人的未来有可能还不如他们的父辈乐观。毫无疑问，在收入和生活水平上，由于社会财富的积累，我们会比上一辈强很多，但被社会遗弃的孤独感会更早地袭来。

职场中年的现实和未来

如果你在银行门口，看到几十个老年人一人一个小板凳坐成一排，不用问，肯定是明天又要卖国债了。

老年人有他自己的计算方式，一个夜晚，长达十几个小时的守候，如果幸运的话，可以把自己的存款换成国债，这样不但可以获得稍高一点的利息，还可以省掉 20% 的利息税。假如一个老年人有五万元存款，排一晚上队，把它换成三年期国债，那么就可以赚出来近一千元。这么一算，排这么长时间的队就是一笔划算的买卖。在这个长长的队伍中，我几乎没有看见过一个年轻的或者中年的身影——那是因为他们有更多的其他挣钱的机会或者仅仅是可能性。

对于这些老年人来说，拥有的是大把的时间，不再有的是机会。他们永远地失去了可以用十几个小时去挣这么多钱的可能性，所以只有他们排一晚上的队买国债。我用了很长时间给自己女儿讲清楚这个社会布置给老年人的算术题，之后默然，想着自己会不会有一天加入这个队伍中。

银行门口的老人长队会给职场奋斗的中年人们带来对未来的焦虑感。焦虑在弥漫，三十五岁你还当不上处长你会焦虑，四十岁还没有进入企业的高层你会焦虑，五十岁的时候你还没有两三套住房或者你认为足够多的存款你会焦虑。

时下的中国，生存竞争如此激烈，对于经验丰富、年富力强的中年人更是如此。往后看，一批又一批的大学毕业生汹涌而来，他们受过更良好的教育，更有干劲，更有创新精神，愿意接受更低的薪酬。往前看，企业和社会对于正在走向年老的人们失去了耐心和信心。相当多的人把挣足够多的钱作为试图消除这种焦虑的办法。所以会有贪污，有受贿，有副职雇凶杀正职这样让人匪夷所思的事情发生。

在一个高速运转的社会，如果你达不到足够优秀，没有旺盛的斗志，资源就会以最快的速度向最有效率运用它们的人群转移。对年老的恐惧，让三四十岁的中年人在掌握和享用更多社会资源的同时，以牺牲健康和日常生活乐趣为代价打拼，就像过冬前的松鼠，拼命储存过冬的粮食，存多少都觉得不够。

对于生于上世纪六、七十年代，新近进入中年人行列的人们来说，大部分人的未来有可能还不如他们的父辈乐观。毫无疑问，在收入和生活水平上，由于社会财富的积累，我们会比上一辈强很多，但被社会遗弃的孤独感会更早地袭来。

在计划经济时代，如果你有一份正式的工作，那么到退休的时候，你的工资、职称乃至住房面积恰好达到职业生涯的最高点，剩下的时间可以按照制度的安排安享晚年，除非犯了政治错误或者生活作风出了差错。所以你就可以看懂，为什么在俄罗斯和东欧左翼政党的旗帜下站的多是老年人。

其实如果健康状况尚可，很少有人愿意自动退出舞台。掌握社会资源越多的人越是这样。上世纪八十年代，执政党用了好些年的时间，想了很多的办法，定了好多制度才解决了领导干部终身制的问题。而迈克·华莱士，直到八十八岁才从哥伦比亚广播公司《60分钟》主播的位置上退下来，这让多少有才华的晚辈熬得肝肠寸断！还有，老教授杨振宁退休后回国定居讲学，八十二岁时还能娶二十八岁的研究生，居然在婚姻上也来抢年轻人的机会。显然只有极少数高度集结了财富、权力、社会地位资源的老者才有和年轻人PK的能力，不管是在婚姻上还是工作机会上。

科学的进步大大减缓了人类衰老的脚步，伟哥发明的伟大意义不仅在于在医学上解决了部分男性心中的隐痛，还在于改变了千万年以来自然形成的年龄和辈分的界限。随着新药物不断地被发明，人的容貌、精力、体力衰老的速度将会被大大放慢。在未来人类争夺交配权的斗争中，老年人很可能和年轻人站在了同一起跑线上。想想看，如果真有那么一天，当那些知天命、耳顺、从心所欲的老人们获得年轻的体态和容颜的时候，年轻人面临的将是一场灾难。白岩松主播关于"渴望年老"的感叹，应当具备这样的前提。可以大胆地预言，未来社会的主要矛盾，很可能是年轻人和老年人之间的矛盾。

但在目前，显然这一切只能停留在大部分中老年人一厢情愿的假设与梦想之中。他们不得不面对的现实是，要在自己并不是很老甚至自我感觉处于巅峰状态的时候就给年轻人腾地方。

在一个物质财富不够充分富裕，社会保障体系没有完善，社会文明程度不够高度发达的社会里，失去了挣钱的能力就几乎等于失去了一切。计划生育国策的执行甚至让自然经济下子女赡养老人的传统也无法延续。一种秩序被打破的时候，总会有一代人付出代价，不同程度地成为社会变革的牺牲品，或许就是现在的这一代中年人，除非你有充分的预见性和准备工作让自己从大多数人中逃出来。

如果你希望到中年以后成为有能力和年轻人同场竞技的那一小部分，除了像松鼠一样拼命冬储，或者还可以铤而走险选择成功概率很低的创业，或者尽可能让自己的能力能够与时俱进，尽量长地延续自己工作的时间，让自己的价值有展现的地方。对于职场中年来说，所谓职业生涯的设计，从来没有像现在这样显示出它的真正价值。

　　人到中年的时候，你不得不想，你是否能够有一段体面而有尊严的老年生活。你是在杨教授们的队伍中，笑纳上帝给自己最后的礼物，还是排在银行门口，整夜做老年人的理财算术题？

◎ 什么时候领导开始对你宽容、客气起来了，那说明——你老了。

◎ 每一个岗位都有最适合的年龄阶段，如果你已经处在上限，尽早寻求下一个岗位。

◎ 上一代人的人生轨迹完全没有参考价值，很多人会成为社会变革的牺牲品，除非你有充分的预见性和准备工作让自己逃出来。

◎ 所有的管理岗位，不管大小，都是竞争最激烈的岗位。

◎ 在升迁无望的时候，早让出来早主动，别等着别人撵你。

◎ 对大多数人来说，专业岗位比管理岗位能够拥有更长的职业生涯。

◎ 拥有更长的职业生涯比拥有更高的职位更能让人幸福。

◎ 把健康当做储蓄而不是投资。

对于一个职业经理人来说，企业环境决定了你的领导方式，而不是相反。在空降到一个新的企业后，适应能力而不是改变能力更多地决定了你是否能存活下去，并最终实现你的抱负。在拿到一根金箍棒的同时，你还需要带一颗敏感、宽容的心。

新来的，你以为你是谁

和平年代，朗朗乾坤，谁会想到一名职业经理人会有生命的危险？但不幸的是，这样的事情竟然发生了。2009 年 7 月 24 日，年仅四十一岁的吉林通钢股份公司总经理陈国君死在了自己员工雨点般的拳头下。因为不满民营建龙钢铁再次入主国有通钢集团，重新上任总经理职位的第一天，陈国君被反对重组的部分员工围攻，命丧黄泉。

陈国君的东家建龙集团是一家著名的民营钢铁企业，2005 年 9 月参与重组国有通化钢铁集团，拥有"新通钢"36.19%的股份，并在企业内部引入市场化机制。陈国君受命代表建龙进入通钢担任总经理。

两家企业曾经有过一段蜜月期。2006年春节,《吉林日报》把改制后的通钢不吝笔墨地夸赞了一番,看看这炫词儿:"除夕之夜,刚刚经历改制重组洗礼的通钢集团,以更加充满生机与活力的崭新形象昂首阔步走进狗年,刚刚置换完身份的通钢员工以饱满的精神欢度着新春佳节——炉火轧机竞欢歌,铁水钢花相映红。一份份生产报表传喜讯,春节期间通钢生产稳定、高效,主要产品产量创历史同期最高水平……"

看着三年前省报的精彩报道,想想如今被员工乱拳打死的总经理,恍若隔世。

陈国君的工作卓有成效、业绩显著,重组改制后通钢产能销量大幅上升,企业由亏转赢,中高层管理者收入大幅度增加。金融危机导致钢铁行业全行业亏损,建龙决定退出通钢,今年上半年钢铁行业回暖,建龙回心转意和吉林省国资委达成再次入主通钢并控股的协议,但在重新上任的第一天,悲剧就发生了。

通钢事件之后,部分原通化钢铁高层对陈国君的评价是:"人品好、正直、工作敬业"。一名副总经理说,民营企业和大型国企在管理理念和机制等方面存在巨大差异,陈国君是"两种企业文化的牺牲品"。

在长达数小时的逃跑、藏匿、被殴的过程中,陈国君一定非常的困惑和委屈——这些和他隔着好几个层级，他从来也没有真正接触过的员工，为什么会要置他于死地？为什么居然没有原来共事过的同事站出来搭救他？

当然，陈国君是一个"群体暴力"的牺牲品，他被愤怒的员工作为了发泄对重组不满的替罪羊。但这里面有没有作为一个年轻的职业经理人的不成熟因素呢？

四年时间里，陈国君外来人、接管大员的形象没有改变。一名职工叙述了这样的一个场景：一天中午，还有二十分钟开饭，三名炉前工停下炉子，收拾工具的时候，陈国君进来了，当即责问为什么不干活。工人解释，马上要到下班时间。陈国君却毫不为所动，直接指着他们宣布："你们全部待岗！"

陈国君的严厉做法，招致一些职工的不满，一名通钢职工说："他死了，还有人往他身上砸砖头。"

带着董事会的尚方宝剑，带着MBA课堂上的管理秘籍，带着管理民营企业的丰富经验，带着对企业的忠诚和一个职业经理人的职业素养，陈国君进入到一个完全陌生的环境，大刀阔斧，严明纪律，令行禁止——年轻的空降经理人们大多以这样的方式开始他们的工作。

他们是带着改造一个团队的使命来的，他们以为董事会授予他的权杖可以让他在新的环境中畅行无阻。一个细节是，在被围攻的时候，他依然用总经理的口吻警告那些闹事的员工必须尽快回到他们的工作岗位上，否则等待他们的将是下岗。然而他忘了，一个领导者的权威并不是他的职位自然授予他的，他的权杖管不管用和董事会的授权有关，也和员工的认可有关。

一位白领在大企业或者有名的企业干上三五年之后，身价就显现出来了，猎头会适时地介入，更高的职位、更多的收入就会向你招手，"跳槽——空降"是年轻员工快速成为职业经理人的最佳通道。很多人选择了这条道路，但总会有不少人栽在这条看似铺满鲜花的路上。其中最重要的原因是对不同企业之间的文化差别缺乏准备。像陈国君这样从民营企业直接进入老国企担当主要领导的情况属于凤毛麟角，但即使是在完全市场化的企业之间空降，面临的企业文化差异也是非常巨大的。与陈国君的空降方向不同，大多数职业经理人是从国企跳到民企、从外企跳到民企、或者在民企之间跳，通常因为是被请来的，他们会向新老板要授权，而老板们一般都会给你很大的权力，因为有老板撑腰，而又想在最短的时间作出业绩，对企业文化的适应期往往被忽略。

这柄权杖像是孙悟空的金箍棒，挥舞起来是要伤人的。我的一位朋友，原来在一家大型网站担任中层领导，被一家刚刚拿到风险投资的小网站请去做副总，来的时候谈得很清楚，老板就是要他把大网站的那一套严格的管理制度带过来，改变原来创业团队比较自由散漫的现状。年轻气盛的他一来，马上把原来企业上下班打卡、360度考核、平衡记分卡等等制度、工具统统招呼过来。有不少老员工受不了这种约束，纷纷离职。开始老板对他的雷厉风行赞赏有加，坚决支持。但当员工的流失开始影响正常业务的时候，老板开始动摇。他的职权也慢慢被收回，无奈之下只好卷铺盖走人。

当然比起陈国君，他的结局要好得多，那些不认可他管理理念的人可以自由地选择新的东家。但在一个偏远的小城市，那些员工根本没有其他的就业岗位可以选择，他们唯一可选择的就是和你进行明的或者暗的斗争。陈国君根本没有意识到他所处环境的严酷性。

对于一个职业经理人来说，企业环境决定了你的领导方式，而不是相反。在空降到一个新的企业后，适应能力而不是改变能力更多地决定了你是否能存活下去，并最终实现你的抱负。在拿到一根金箍棒的同时，你还需要带一颗敏感、宽容的心。

★★★ 听戈说职场：

◎ 老板的授权只是权力的一部分而不是全部，完整的的权力是上司的授权加上下属的拥戴。

◎ 经理人永远是团队的队长而不是教练。

◎ 永远只说"我们"，而不是"我"和"你们"。

◎ 空降兵存在的意义就是因为需要有人被投放到最险恶的境况中。

◎ 至少在最初几个月，空降经理人肯定会有一个以上的死敌。

◎ 在打击对手之前，一定要先给自己找到同盟者。

◎ 老板喜欢"铁腕",不是喜欢"铁腕"本身，而是它可能产生的效果。

哥伦比亚大学商学院的迈克尔·费纳（Michael Feiner）说：
"多数老板喜欢自己努力后所取得的权力和威信。"老
板们肯定是一个团队里在工作上最成功的人。相信自己的方
式是正确的、最好的，甚至是唯一的，正是他们成功的原因
所在，也正因为如此，老板们容易将下属的反对意见看做不
服从，而不是反馈。

○ 你属于哪一类型的才子，既取决于你是一个什么段位的才子，也取决于说你是才子的人是谁，还取决于你在什么样的地方供职，在哪个岗位上高就。在职场，比才子听起来更悦耳的那个称呼是"干将"。

做干将，不做才子

被人称作才子，通常是一件比较愉快的事情，这说明你的智力水平和业务能力已经得到广泛的共识，还因为才子常和佳人联系在一起，即使在开玩笑的时候被乱点鸳鸯谱，才子们嘴上说"瞎掰、瞎掰"，心里也会有小小的成就感油然而生。

但现在世道变了，很多人已经不喜欢被人称作才子了。去年有一次出去采访，当地电视台一位领导向我这样介绍台里派来陪同采访的一位年轻的部门负责人："这是我们台有名的才子。"要是换成我，这样被领导当众夸奖肯定得美上几个小时，不料该才子却半开玩笑半认真地向领导告饶："您以后千万别叫我才子了，我还想进步呢。"

当然，大家都明白，说想进步，字面上的意思是勇于挑更重的担子，承担更重要的责任，字面下的意思是：我还等着被提拔呢。

这番对话隐藏着这样的逻辑：如果你常被称作才子，潜在的意思是你是一位业务骨干，但政治上不成熟，或者缺乏领导力，不适合担当领导职务，更适合沿着专业的路径发展。在这种语境下，才子的确不是一顶人人都愿意领的高帽，尤其是对一些真正有抱负的才子，这个时候心里会说：你才是才子呢，你们全家都是才子。

谁是才子呢？屈原是才子，"路漫漫其修远兮，吾将上下而求索；饮余马于咸池兮，总余辔乎扶桑；折若木以拂日兮，聊逍遥以相羊"——一曲《离骚》成为文学史上光照千古的绝唱。

司马相如是才子，好读书，善弹琴，风流洒脱。"凤兮凤兮归故乡，遨游四海求其皇。时未遇兮无所将，何悟今兮升斯堂！"曹植是才子，有谢灵运"天下才共一石，曹子建独得八斗"的评价。李白是才子，诗风豪放飘逸，气势雄浑瑰丽。柳永是名副其实的风流才子，出没于青楼，与妓女交欢，纸醉金迷，醉生梦死。

看看这些经典才子，或怀才不遇，政治上郁郁不得志，或风流浪漫，抱得美人归。这是古代才子的基本概貌。

再看当下，当你被别人称作才子的时候，可能会有以下几种情况：一、你有好的教育背景，毕业于名牌大学，专业知识渊博；二、你脑子好使，主意多，反应快，素质高，堪当大任；三、你是一个只会说不会干，理论强于实践，书生气十足的呆子；四、你就是一文艺青年，不务正业，酸文假醋，百无一用。

不管褒义还是贬义，才子的突出特征是学识上的鹤立鸡群、思想上的锋芒毕露、行为上的特立独行。

北大是一个出才子的地方，同样是名牌大学，清华毕业的被冠以才子的就不多。可能的原因是清华的学生大多符合鹤立鸡群的特征，但锋芒毕露、特立独行的特征并不十分明显。

前些年北大出了一位才子，名陆步轩，本来做公务员，后来贸然下海，大业未果，穷困潦倒，卖肉为生。就凭当年能够考入北大，陆氏自然不辱才子的名号，后来虽遭遇事业坎坷，毕竟也可以"看人生豪迈，只不过是从头再来"，但在媒体的报道中，"北大才子"却是一个言必提及的标签，里面的用意十分"阴险"。后来北大又出一才子，名范美忠，地震中丢下学生径自逃生，之后撰长文披露逃生前后心路历程，言即使母亲遇险也会无暇顾及，并冠以自由之思想，引得舆论大哗，亦有不少媒体将"北大才子"的标签贴于范某背后。两位北大制造的才子既出，难怪有人对才子称号避之而唯恐不及。

　　商业社会的一个突出特点是，大多数人被镶嵌在一个个组织机构内。不管是政府机关、事业单位，还是公司企业，那个地方都叫做职场。职场的意思是一群人在一起创造价值。在人多而且需要互相协助的地方，鹤立鸡群是被鼓励的，而锋芒毕露、特立独行一定会给组织的运转带来负面的影响。在任何组织机构里，都需要把"才子"改造成"财子"！才子的"才"可否转化为生产力，才是衡量才子的唯一标准。

　　而才子恃才傲物，常常不把领导放在眼里，这更成为影响才子成长的必然障碍。如果把碰到胸怀无限宽广的领导作为自己成长的先决条件，才子们的命运早就被决定了。

　　一般来说，年轻的才子是可以被容忍的，随着年龄的增长，才子的称呼就不断地贬值，如果已经成为业务骨干而依然被强调你是一个才子，那就需要警惕了。当有人有意识地不断强化你的才子特质，你就要小心这个人了。

　　你属于哪一类型的才子，既取决于你是一个什么段位的才子，也取决于说你是才子的人是谁，还取决于你在什么样的地方供职，在哪个岗位上高就。在职场，比才子听起来更悦耳的那个称呼是"干将"。

★★★ 听戈说职场：

◎ 作为个体，"才子"是个褒义词，在组织内，"才子"是贬义词。组织不需要才子，只需要干将。

◎ 一般来说，年轻的才子是可以被容忍的，随着年龄的增长，"才子"的称呼不断贬值。

◎ 摘掉"才子"帽子的最好途径是主动承担一些琐碎麻烦的活儿。

◎ 多说"我们"，少说"我"。

◎ 只在重要的场合或者关键项目上显示自己的才华，把一般性的荣誉和机会让给别人。

◎ 警惕总是把你称作"才子"的人。

> 有的时候，老板的反对意见只是为了表达他的权威，尤其是级别不高的老板更是这样。把事前的反对和争吵，变成执行中的调整是大多数老板可以接受的"被管理"方式。

管好自己的老板

又有一位朋友突然告诉我，他离职了。我知道不久前他的顶头上司刚换了人，便问他："是和老板不对付了吧？"他居然回答说："和老板关系还好，就是和新来的总监没办法沟通。""可怜的人，居然没有搞清楚谁是你的老板"，我在心里感慨着，嘴上对他说："我说的老板就是这个人。"

他说的老板是他老板的老板，而不是他的老板。每个人在一个机构里只有一个老板，他不一定是你所在机构的所有者或者最高决策人。

在一个时间段内，谁给你分配日常工作，你向谁直接汇报工作，他就是你的老板，一般说来就是你的顶头上司。他可能就是一小组长，他可能在一个一万人的公司里只领导你一个兵，但对不起，他就是你的老板。

他不一定能降低你的薪水和职务，也不一定能开除你，但他一定能让你整天不痛快，他拥有这个权力——这就足够了。所以，谁是你的老板，这个问题是革命工作的首要问题。

有咨询机构正经统计过，有80%的离职直接原因是员工和他的老板合不来。那种没有找好下家就突然离职的，十有八九是这个原因。甚至，我不止一次看到过这样的场景——有同事在经历过相当长时间的不快、观望、郁闷、忍耐之后，在老板又一次的当众批评或者故意揭短的当口，终于爆发出一句呐喊"我他妈不干了"，然后摔门，扬长而去。

当那句荡气回肠的话终于脱口而出之后，我都能感应到同事心中的意气风发、豪情壮志，在心中击节叫好的同时，暗自惭愧——我什么时候也能来这么一嗓子？

但是，这个持续不了几个小时的高潮体验之后，你要面对的是可能长达几个月艰辛的找工作之路——更加不幸的是，又有一个新的老板在不知道哪个办公室里等着，折磨你。

为什么会有那么多人选择自己创业？他们不一定都有很强的成就动机，只是不堪忍受总有一个老板管着你。从理论上说，所有的老板都是"坏人"，因为他存在的理由就是为了督促你、监督你、考核你。从这个意义上说，那些自己创业的人，那些自我雇佣的小生意人和自由职业者，以及数以亿计在自家承包地里种田的农民，是一群多么幸福的人啊。

但是，卢梭教导我们说：为了自己的利益，人们可以自愿放弃一部分自由。自由是可以用来交换到薪水的。如果对老板的反抗，最后的结果总是迎来另外一个老板而且没有意义的话，那么就让我们享受被领导的快乐吧。

如果在一个职位上总是待着不动，那么肯定是他的智商有问题。要是总是不能和自己的老板处好关系，不断地跳槽，那么肯定是情商有问题。

遇到不对脾气的老板，采用"3W"，即走人（Walk）、抱怨（Whine）和等待（Wait），不是高情商人士的选择。他们的做法是：在愉快地接受老板管理的同时，也要学会管理老板。

哥伦比亚大学商学院的迈克尔·费纳（Michael Feiner）说："多数老板喜欢自己努力后所取得的权力和威信。"老板们肯定是一个团队里在工作上最成功的人。相信自己的方式是正确的、最好的，甚至是唯一的，正是他们成功的原因所在，也正因为如此，老板们容易将下属的反对意见看做不服从，而不是反馈。

你肯定遇到过这样的老板。你给他汇报一个方案，永远不要希望得到他的赞许，他甚至没有听清你的表达，就提出一大堆反对意见。你的解释永远是徒劳的，等你按照他的意思修改完毕后，他总会提出新的修改意见，最后的结果可能就是最初的方案，如此反复，不到最后执行的时候，永远没完。但在会上，"你们有什么意见想法尽管提"可能是他的口头禅。

当然，阿谀逢迎是一种最常见、最理性的处事方式。但长远来看，你不但要为你的老板负责，更要为自己的岗位负责，不是每个人都愿意放弃这个原则。那么你就得学会管理老板，这其实就是当你认为老板的命令有不妥的时候你该怎么办的问题。面对这样的老板，你是一味执行，还是提不同意见？一个可参考的办法是，照着他的意见执行，但在过程中，及时不断地反馈情况，让他自己调整。

有的时候，老板的反对意见只是为了表达他的权威，尤其是级别不高的老板更是这样。把事前的反对和争吵，变成执行中的调整是大多数老板可以接受的"被管理"方式。你必须记住，老板们面临的压力总是比你大。其次，你不要试图去改变老板的本性。接下来呢？你要有选择地进行较量，不是每个问题都值得分出是非。

管理老板的另外一个重要方式是，一定要保持和老板尽量多地沟通。电子邮件是一种最高效的沟通方式，把方案形成或执行过程中每一份更有助于老板掌握信息的邮件抄送给老板，并提醒他查阅，能够保证你们在会上讨论问题的时候能够在信息尽量对等的基础上进行。很多情况下老板的固执己见来自于对信息的掌握不完整，当他对你的工作过程和形成思路的过程有更多的了解的时候，沟通才比较容易达成。

　　老板之所以成为老板是因为他在某些方面表现的优秀，但并不因为他成了你的老板就具备了领导者的基本素质。在他的老板眼里，他可能也和我们在他眼里一样是一个不称职的下属，他会遗忘、会慌乱、会畏缩、会推卸责任，正像我们每个普通员工一样。提醒、沟通、换位思考——这就是你对老板的管理，必须的。

◎ 在组织里，每个人只有一个老板，那就是你的直接上司。和他的关系，是关乎你职场成败最重要的因素。

◎ 从理论上说，所有的老板都是"坏人"，因为他存在的理由就是为了督促你、监督你、考核你。

◎ 自由是可以用来交换到薪水的，让我们享受被领导的快乐吧。

◎ 对老板阿谀逢迎是一种最理性的处事方式，但不一定是最有效的方式。

◎ 你不仅要为老板负责，更要为自己的岗位负责，所以，你就必须学会管理自己的老板。

◎ 有的时候，老板的反对意见只是为了表达他的权威，尤其是级别不高的老板更是这样。

◎ 把讨论时的反对和争吵，变成执行中的调整是大多数老板可以接受的"被管理"方式。

◎ 提醒、沟通、换位思考——这就是你对老板的管理，必须的。

害怕被情绪劫持冒犯老板，从而采取在任何情况下都不争辩经常被误以为是一种高情商的表现。这里面的误区是，如果问题在当时被回避掉，你很难获得再次提起的机会，问题依然是问题，最后由此产生的后果老板是绝不会承担的。

和老板你也敢吵架？

没有人会认为当众和老板吵架是一种理性的行为。但吊诡的是在我们这样一个功利主义盛行的时代，这样一种疑似自杀的行为并不罕见。

有一次我在向老板汇报工作的时候，发生了剧烈的争执（我自己一直这么认为，但同事们坚持认为这就是吵架）。结束以后，我向当时在场的一位小同事寻求道义支持，不料得到的回答却是："吵架的时候，人总是显得比较丑陋，还是不吵的好。"这句话给我依然激动的情绪泼了一盆冷水：原来，争吵的时候，别人根本没有在意双方的对错，看到的仅仅是各自丑陋的表情。

在不少人的潜意识里，敢和上司"吵架"，既可以显现自己特立独行、坚持真理的性格，也给上司塑造宽宏大度的形象创造了机会，还可以向年青一代弘扬团队中"唯真不唯官"的公司文化，但这更多的是一种事后的自我安慰。除了真的想撂挑子不干，没人会因此而后悔。

这样做的后果绝不仅是让别人看到自己的丑陋，在大多数的情况下这还是自毁前程。没有哪个老板喜欢下属在同事面前的挑战，除非你遇到一个拥有远大未来的领袖。大部分的情况下，上司会一边告诫自己就事论事、不要和你一般见识，一边在看你的时候不自觉地戴上有色眼镜。

但有些人总是不能控制自己激动的情绪，明知这会给自己带来负面的影响，却总是不断发生。没错，这是情商的问题。我们总是喜欢把那些性格外向开朗、见面自来熟的人当做情商高，其实这是一个不准确判断。真正的情商是指人对自己情绪的了解、选择与超越。一些理论认为个人的成就更多地决定于他的情商而不是智商，对于管理者更是如此。

情商理论的的创始人彼得·萨洛维说：导致很多人失败的真正原因和技能毫无关系，总之，他们还没有在使用自己的聪明才智的时候就已经失败了。简单地说，他们真正缺少的是一种比较实用的聪明——这种聪明就是我们今天耳熟能详的情商。

因为情商从智商的概念发展而来，我们比较想当然地认为情商和智商一样，更多地取决于遗传因素。所谓"江山易改，本性难移"的说法不是正好证明情商的确是难以改变的吗？直到看过管理专家吴岱妮女士的著作《有感觉，还是没感觉》我才相信：比起提高智商来，提高自己的情商要容易得多，在大部分的场合，只要你控制好六秒钟的时间，你就能够成为一名情商高手。

这个结论的理论依据是，比起思维的启动和运转，情绪的反应速度要快得多，在情绪的反应六秒钟之后，思维才会启动。当对方的某句话或者某个行为激起了你的极端情绪的时候，你是否等待自己的思维六秒钟决定了这次谈话会变成一次毫无意义的争吵还是一次愉快的深入沟通。

心理学家把人的极端情绪分为八种：暴躁、嫌弃、悲痛、惊叹、恐惧、崇拜、入迷、警惕。这些极端情绪会干扰人思考的客观性。如果在六秒钟之内就做出了反应，那就意味着我们被自己的情绪劫持了。我们所做出的大部分蠢事都是情绪被绑架的结果。

当极端情绪来临的时候，本能会让我们迅速地做出防御。在办公室，通常我们防御的核心是"我是对的"。在这样一种自我保护机制下，我们都会试图以最快的速度证明"我是对的"，从而让观点的分歧演化成情绪的对抗。这一刻，我们恢复到了自然人的状态，平时我们遵循的层级观念被抛到了脑后。而一旦当事双方被情绪劫持，第一个回合的争吵之后，正常的思维就很难有浮出脑海的机会。尤其当争论发生在上下级之间，上级要维护在团队中的尊严，下级要维护自己的脸面，争吵会不断趋于恶化，直到理性回到其中某个人的大脑中，争吵才会平歇下来。

在职场中，我们的周围会有这样的"情商宝宝"，他们率性、自我，在任何时候都不掩饰自己的情绪，成为被照顾的对象。也会有情绪的"定时炸弹"，他们平时总是压抑自己的情绪，不知什么时候却失控，大发雷霆。还会有"情绪透支"者，从来不发脾气，却不能缓解情绪给自己带来的压抑感。更多的人是情绪的"梦想家"，经过多年的历练已经练成在任何情况下都没脾气的老油条。而真正的成功者，是所谓的"情商专家"，他们了解自己的情绪，同时能够游刃有余地控制自己的情绪。他们绝对不是没脾气，而是当极端情绪来临的时候，会自动地启动自己的"六秒钟机制"，通过喝一口水、转移讨论话题、闭目养神等手段让思维回到大脑，然后用不带情绪的语言来描述自己的情绪。也就是说他们不会把情绪掩藏起来，而是让情绪以一种得体的方式表现出来，这就是人们所说的涵养。依靠思维运转的情绪是自己达成沟通的工具而不再是情绪的肆意发泄。

　　害怕被情绪劫持冒犯老板，从而采取在任何情况下都不争辩经常被误以为是一种高情商的表现。这里面的误区是，如果问题在当时被回避掉，你很难获得再次提起的机会，问题依然是问题，最后由此产生的后果老板是绝不会承担的。当面沟通的好处是，有充分的时间解决下级和上级的信息不对称问题，甚至沟通方各自的表情、语速、肢体语言都会对沟通的结果产生影响。

　　当分歧存在的时候，必须进行深入的沟通，高情商者的优势就是在这种情况下体现出来的。

　　在你不冒犯老板的前提下，哪个老板不愿意遇到一个肯说真话的下属呢？而学会用好自己的六秒钟是关键。

◎ 如果和老板发生了争吵，那一定是你的错。

◎ 没有哪个老板喜欢下属公开的挑战，大部分情况下，老板会一边告诫自己不要和你一般见识，一边在看你的时候不自觉地戴上有色眼镜。

◎ 真正的情商是指人对自己情绪的了解、选择与超越。个人的成就更多地决定于他的情商而不是智商，对于管理者更是如此。

◎ 比起思维的启动和运转，情绪的反应速度要快得多，在情绪的反应六秒钟之后，思维才会启动。

◎ 当极端情绪来临的时候，启动自己的"六秒钟机制"，通过喝一口水、转移讨论话题、闭目养神等手段让思维回到大脑。

◎ 在任何情况下都不争辩的误区是，问题被回避掉，但问题依然是问题，由此产生的后果老板绝不会承担。

> 不是每一个人都有资格承担那些伟大的愿景和奋斗中带来的快乐。站在那些注定一辈子只能从事一份平凡工作的普通员工的立场上，他们的快乐工作就是由那些细微甚至琐碎小愿望的实现构成的。老板的伟大愿景永远不能成为员工努力工作的理由。

不认同，就离开

黄光裕出事了。

这位中国首富具有传奇色彩的发家史曾经被不少低学历的青年作为"中国梦"的样板。初中学历能做到黄光裕的层次，在上世纪八十年代起家的企业家们那里一点都不新鲜，但到了黄光裕这一辈已经是凤毛麟角。和他同龄的创业者们大多是受过良好教育的精英，但黄光裕的存在对整个社会总是有着积极的导向作用，他告诉那些没有获得教育机会的青年，只要肯努力，在中国什么样的奇迹都可能发生。不管人们对黄光裕们的第一桶金抱有怎样的猜测，就我个人的看法，没有超人的成就动机和超人的艰苦付出，他们就是有着再好的机遇，再聪明的脑瓜，再没有底线的行为方式，都不可能造就他们今日的成就。

我的一位做猎头的朋友，给国美电器挖来了不少职业经理人，作为回馈客户免费赠送的一项服务，他还帮助黄光裕家里找厨师。让他郁闷的是，他介绍去的厨师总是待不住，每隔几个月就要找新的——还都是厨师炒老板的鱿鱼，不是因为活多钱少。原因有两个，一是需要做饭的时候实在太少，时间长了怕荒废了手艺，二是有活干的时候时间上没点儿，他们实在受不了三更半夜起来给老板做饭的痛苦。一位离职的厨师向猎头朋友这样寒碜他的雇主：我就是要饭也不当他那样的老板，他在家里的每一顿晚饭都是边打电话边吃完的。

和几位企业的中高层一起聊天，说到他们的老板都是自己创业，并且已经把企业做到行业老大、老二的位置。有做房地产的、有做软件的、有做商业的，有的是军人出身、有的是农民创业、有的是海归回国，成长背景不同、学历不同、年龄不同、籍贯不同，但老板们都有一个共同的特征——工作是他们最大的乐趣，除了工作几乎没有别的爱好。

对事业的执著成就了他们现在的辉煌，当财富对他们的意义仅仅是报表上的一串数字的时候，打造百年老店、造就伟大的企业成为他们努力的方向。不管当初他们是因为生活所迫、出人头地或学以致用的原因走上创业之路，走到这个阶段以后，他们都相信不断的奋斗让自己的企业做得更大才是他们工作下去的理由。从企业家的角度讲，他们显然是令人尊敬的。

没有什么比起推动自己亲手开创的事业不断前进更有意思、更让自己快乐的了。在铭心刻骨地体会到奋斗给自己带来的满足和快乐以后，他们对手下人的世俗、功利、婆婆妈妈、家长里短、风花雪月、儿女情长感到不可理喻、不可理解、痛心疾首。所以，在相当多的企业中，如果谁去休本来制度中已经规定的年假，自己还是会有深深的愧疚感；周末的时候是没有人好意思把陪老婆孩子上公园当成不参加会议的理由的。

晋朝的时候有一个晋惠帝，有一年发生饥荒，百姓没有粮食吃，许多百姓因此活活饿死。消息被报到了皇宫中，晋惠帝坐在皇座上听完了大臣的奏报后，大为不解。晋惠帝说了一句让无数后人喷饭的名言："百姓无粟米充饥，何不食肉糜？"这是一个经常被引用的故事，用来讽刺高高在上的领导脱离群众不能体会百姓的疾苦。其实在个人价值观上，老板们"何不食肉糜"的思维方式一直在企业的管理过程中体现着。

近些年来舶来的杰克·韦尔奇和吉姆·柯林斯的《基业

常青》有关企业必须遵循统一的价值观和企业必须要有伟大愿景才能基业常青的说法，更是让老板们"何不食肉糜"的思维方式有了先进的理论依据。我们先不说这些理论产生的背景与我们现在的发展阶段、与我们中国的文化传统有多么大的距离，就是这些结论的本身也是在企业已经具有了极高的管理水平、福利保障后的锦上添花。并且，那些被当做成功案例的企业价值观和伟大愿景本身也是呈多样性的，和中国老板们基于传统儒家文化"修身、治国、平天下"，做强、做大、回报社会的理想不是一码事。

有多大的舞台，就有多大的梦想，对于一个普通员工来说，他的舞台就是一个巴掌大。大家在一个机构里工作，当然想参与到一个伟大企业的诞生过程中，但除了让自己跟随企业共同成长，除了实现个人的社会价值，他们更希望有一份不错的薪水，希望保持一个健康的身体，希望有更多的时间能和自己所爱的人在一起，甚至仅仅是希望有机会在一个轻松氛围中和同事打情骂俏。

不是每一个人都有资格承担那些伟大的愿景和奋斗带来的快乐。站在那些注定一辈子只能从事一份平凡工作的普通员工的立场上，他们的快乐工作就是由那些细微甚至琐碎小愿望的实现构成的。

老板的伟大愿景永远不能成为员工努力工作的理由。

在日本，一本《下流社会》悄然畅销。作者三浦展对"下流社会"的定义是："现在的年青一代面对职业、婚姻等方面的竞争和压力，不少人宁肯不当事业和家庭的'中流砥柱'，而心甘情愿地将自己归入'下流社会'的行列。"在中国，随着八零后一代正在成为职场的主流，这种思潮也可以在他们身上看到些许影子，老板们试图把自己的价值观强加到他们的身上，并且作为企业管理和文化的核心诉求，恐怕不再那么灵验了。

选择什么样的老板，同时也就选择了你的工作方式和生活方式。如果你更想获得工作和生活的平衡，那么想办法考公务员吧，或者找那些靠人性化的管理制度和细节的关爱赢得人心的老板做你的雇主。不过，如果你有和这些成功企业家同样的梦想，你就要找那些充满战斗激情的老板做自己的雇主，苦其心志，劳其筋骨，成长为下一代工作机器，并且从中获得人生最大的乐趣。当然，你还有另外一个任务，学习如何在战斗中不要动作走形，成为下一个黄光裕。

◎ 选择进入一家什么样的企业，基本决定了你的生活方式。

◎ 调查清楚企业老板的生活方式和作息时间，你就知道了你今后的
日子是什么样的。

◎ 如果你想过平衡的生活，有更多的时间陪伴家人、教育孩子，那
么尽量不要去成长型企业、不要进入过度竞争的行业。

◎ 当你对企业文化不认同的时候，要么离开，要么闭嘴。

牛人还有另外一种可能性就是变成没本事脾气大的鸟人——本事越来越小，脾气越来越大。林子大了什么鸟都有，所谓鸟人，就是性格桀骜不驯、行为特立独行、风格与众不同，但这一切都没有体现在其工作能力和对机构的贡献上的那些人。

牛人也会变鸟人

"点球，点球，点球，格罗索立功了，格罗索立功了，不要给澳大利亚人任何的机会。伟大的意大利左后卫，他继承了意大利的光荣传统，法切蒂、卡布里迪、马尔蒂尼在这一刻灵魂附体。格罗索一个人，他代表了意大利足球的悠久的历史传统，在这一刻，他不是一个人在战斗，他不是一个人！——胜利属于意大利，属于格罗索，属于卡纳瓦罗，属于赞布罗塔，属于布冯，属于马尔蒂尼，属于所有爱意大利足球的人……"

2006 年世界杯足球赛上，黄健翔的这一段脱口而出、淋漓酣畅的解说，让无数痛苦地忍受着这届世界杯平庸比赛的球迷和伪球迷们终于享受了一次看球的乐趣。这番解说也成为中国体育解说中的绝唱。

黄健翔一分多钟的激情解说绝对算得上是出口成章。一连串的祈使句，有感叹，有描述，有联想，有历史背景，信息量如此密集。速度快，吐字清晰，发音准确，逻辑严谨，文理通顺，文采飞扬。从来没有听到过任何一个主持人达到过这种水平。真是一个牛人！真是一段前无古人的经典解说！

但遗憾的是，这段精彩的解说在创造了黄健翔职业生涯巅峰的同时，也引起了巨大的争议。那些不是意大利队粉丝的球迷对于黄健翔的表现感到难以理解和接受：从场上表现来说，无论是技术、战术、斗志和球风，那天的意大利队都不是一个值得尊敬的球队。另外，那本身是一个很有争议的点球，赛后连意大利人自己也承认。

人们质疑的是，此时此刻坐在话筒后面的人到底是一个足球解说员，还是一个意大利队的铁杆粉丝？退一步讲，即使我们容忍这两个角色可以同时附着在一个人身上，那么他是否有权利在工作的时候完全以个人情感代替职业角色，甚至达到不尊重事实的程度？

"我是一个人，不是一台机器"，黄健翔这样解释他的激情解说。这话没错，人不可能做到机器那样精准，在工作的时候不受情感、情绪的干扰，但尽量减少个人情感、情绪对工作的影响却是一个通行的职场法则，所谓"按本色做人，按角色办事"就是这个意思。

黄健翔是一个非常优秀的足球解说员。有相当的不可替代性，属于牛人，牛人就难免有牛脾气。有牛脾气的牛人和一般员工的区别是：他们希望组织规则适应自己而不是自己适应组织规则。

每一个机构中总会有一些能力超群的牛人。有这样业务熟练、倾情投入、激情四射的牛人是单位的福分。他们天生就热爱自己从事的工作，他们把工作的完美当做自己生活的最大乐趣，他们喜欢挑战，不怕困难，总会带给老板出乎意料的惊喜。

但同时，他们喜欢按照自己习惯的方式而不是企业制定的规则出牌。在工作中他们更倾向于显示自己的才华和价值，而往往把企业的总体目标放在第二位。他们总是有"此处不留爷，自有留爷处"的豪情，让企业的各种管理制度和激励手段在执行上大打折扣。

他可能是一个连续多年的销售状元，推杯换盏之间签了一个又一个大单，却仅仅因为脾气不投得罪了公司最大的客户；他可能是公司最有创意的市场策划，总是有标新立异新的点子让公司在竞争中突出重围，却经常不把自己的顶头上司放在眼里，心情不好或是不感兴趣的任务就是不接；他可能是一个技术天才，什么样的技术难题有他在就会迎刃而解，却总是坚持要把方案做到完美才肯拿出来，耽误了产品的最佳上市时间。

不要指望他们会认错，他们崇尚激情比完成任务更重要。

从心眼里，每个老板都喜欢这样的牛人，其实那些真正成事儿的企业和老板，最终的制胜法宝往往就是用好了这些牛人。通常，老板们也是从牛人队伍中走出来的。

但牛人也是单位的定时炸弹，不知道什么时候就会捅出娄子。现实中，我们见到更多的结果，是这些牛人受不了公司约束和上司的小鞋卷铺盖走人了事。对付他们，老板常常陷于两难境地：强调规则吧，会打击他们的积极性，扼杀他们的灵气；任其自然吧，则需要用相当大的精力去给他们擦屁股，也影响制度的严肃性，有时候甚至会直接损害企业的整体利益和形象。

旧上海的黑社会头目杜月笙说："人可以不识字但不能不识人。"杜月笙是怎么识人的呢？他说："头等人有本事没脾气，二等人有本事有脾气，三等人没本事脾气大。"在他的心目中，牛人只是二等人——因为他们有脾气。更高境界是有本事没脾气的人，这些人可以称作高人。牛人已经是稀缺资源，高人是谁呢？其实世界上本来没有高人，高人是牛人历练出来的。真正堪当大任的，大体是牛人经过多年的历练变成的高人——本事越来越大，脾气越来越小。

牛人还有另外一种可能性就是变成没本事脾气大的鸟人——本事越来越小，脾气越来越大。林子大了什么鸟都有，所谓鸟人，就是性格桀骜不驯、行为特立独行、风格与众不同、但这一切都没有体现在其工作能力和对机构的贡献上的那些人。

牛人通常的特点是往往高估自己的能力和特长而忽略自己的缺点与不足。牛人常常向制度挑战，牛人常常需要被迁就。牛人没有得到特权就会抱怨，时间长了，牛人的工作热情就会急速下降，就会躺在过去的功劳簿上不思进取。

也就是说，牛人是一种非常态，如果牛人不能自我进化成高人，那就只能变成鸟人。

如果你现在是一个牛人，但你改不掉或者根本不想改自己的牛脾气呢？最好的解决方案就是做自己的老板。留在职场里，只有变成鸟人一条道。

黄健翔离职后给智联招聘做代言人。在智联的广告牌上黄健翔的后面我看到了这样一行大字："我们崇尚专注一生的事业，更赞叹自由奔放的灵魂。"这种蛊惑看得我心旌摇荡。

但我明白，其实杜月笙漏了或者觉得根本不值一提的还有另外一种人：没本事、没脾气。这些人叫常人，是没条件、没办法自由奔放的，如我等。于是，常人自能崇尚专注一生的事业，而无法效仿自由奔放的灵魂。

　　智联招聘用黄健翔召唤那些觉得自己是被压抑的牛人们赶快跳槽。但在我看来，跳槽解决不了牛人的问题，自我心理调整才是最重要的途径。

　　况且，在我看来，大多数自诩为牛人的，其实是鸟人。

◎ 按本色做人，按角色办事。

◎ 有牛脾气的牛人和一般员工的区别是：希望组织规则适应自己而
不是自己适应组织规则。

◎ "头等人有本事没脾气，二等人有本事有脾气，三等人没本事脾气
大。"牛人只是二等人——因为他们有脾气。

◎ 如果牛人不能自我进化成高人，那就只能变成鸟人。

◎ 如果你是一个牛人，也不想改自己的牛脾气，最好的解决方案就
是做自己的老板。

> 其实老板们的心里都明镜似的，所谓管理，管的就是猪八戒们，制度也好，激励也罢，一个企业的管理模式基本上是围绕猪八戒们制订的。

我们都是猪八戒

在一次有关最佳雇主的调查里，我们给被调查企业的员工这样一道题：如果把你所在的团队比作西天取经的队伍，你认为自己扮演的角色是：

A. 孙悟空

B. 猪八戒

C. 沙僧

结果有超过一半的员工给自己的角色定位是孙悟空，剩下的大多选沙僧，选猪八戒的只有百分之十几。

我把这个问题交给了老板们回答，让他们评价自己的下属属于哪一类，不出所料，答案正好反过来，老板们认为员工中最多的是猪八戒，其次是沙僧，孙悟空最少。老板们是对的，他们的看法比大家的自我认识显然更客观。

猪八戒是个什么样的人？第一，能力是有一些的，只是大多数时候不肯卖十分的力气，干活不主动；第二，有名有利的事抢着干，遇到问题却喜欢推托，不愿意承担责任；第三，比较容易丧失斗志，抵抗诱惑的能力比较低，比如见到漂亮姑娘；第四，懂得知恩图报，关键时刻知道轻重，会奋力一搏；第五，心态平和，没有野心，随遇而安，不急功近利；第六，利益受到损害或者心态不平衡的时候会搬弄一点小是非，但不会太过分。逐条比一比，看看自己，有很多条和猪八戒比较相近吧！

其实老板们的心里都明镜似的，所谓管理，管的就是猪八戒们，制度也好，激励也罢，一个企业的管理模式基本上是围绕猪八戒们制订的。像沙僧这样任劳任怨又没有什么大本事的人，特别珍惜饭碗，不需要太多的管理，也激励不出他的什么花活来。像孙悟空这样的，只要是他愿意跟着你干，他的本事比老板大，想法比老板多，干活的事根本不用你操心，你只要给他个紧箍咒，别让他给你闯祸就行了。

其实做一个好员工、当一个好老板，本来是一件挺简单的事，但恰恰有了我们开头的调查展现出的那个问题——员工认为自己是孙悟空，老板偏把你当成猪八戒，让问题复杂了起来，让管理成了学问，让职场秘籍之类的读物有了市场。

每到年关的时候，往往是猪八戒们患"孙悟空病"的高峰期。"孙悟空病"的典型特征是三句话。第一句是"已经好几个公司要挖我走，我还没有来得及认真考虑"；第二句是"为何提 ××，不提拔我？"第三句是"我的红包为何没 ×× 多？"这三句话，胆子大的或者是忍无可忍的，直接找老板谈。胆子小的，向同事们散布（猪八戒的典型套路），其实也是希望老板听到。

如果你自己觉得自己是孙悟空，老板也深刻认同你是孙悟空，无疑这三句话是最简单最有效的沟通方式。老板不但会给你升官加薪，甚至会把你的行为提升到企业文化如何成功的高度。老板这么慷慨大方的原因通常是已经准备这么办了，只不过是因为事务繁忙没来得及告诉你这个好消息罢了。

如果你自己认为自己是孙悟空，可老板只认为你是一个猪八戒，或者顶多认为你是众多猪八戒中相对能干的一个，那么老板会怎么想呢？听到你的第一句话，老板会想，真傻，怎么会说这样的话呢？因为老板通过这句话可以做出以下三方面的判断：第一，这人还想在公司继续干下去，要是找好了理想的单位早就走了，还用在这里瞎叨叨？第二，这人想用这最愚蠢的表达方式争取到更好的待遇和职位；第三，这人近期想跳槽，而试了试后碰壁了，暂时没有地方可去。听到第二句话，大多数老板都会给你认真解释，其实，也就是不疼不痒的安慰，真正的原因大多数老板是不会说的。一是碍于你的面子，不好意思当面说你不行。二是确实有比较多的复杂原因，而这些原因又不便于拿到桌面上来说。第三句话更是愚蠢，老板通常会这样对付你："红包是保密的，你该知道吧？是××主动告诉你的，还是你主动问的××？还是有第三方？今天你必须告诉我。按规定至少走一人，或几个人都走。另外我告诉你，不是给你发少了，有可能是给××发多了，你现在就把××叫来，当面对质，如果属实，下个月发工资时把他的给扣下来。你去叫他过来。"如果你还想在这里混，这事你能做吗？灰溜溜回到自己的工位上去吧。

我的一位朋友，春节前辞了职，临走的时候给老板写了一封长信，历数主管的种种不是和公司经营管理上的种种弊端，我真替他浪费的几个小时时间心疼。你走的时候老板虽然在口头上表示惋惜，但没有任何实质性的挽留，你还替他操哪门子心？这封信除了更加让你自己觉得自己是一个受了委屈的孙悟空，让老板更加坚信你不过是一个比较没有心胸的猪八戒外，没有任何价值。

老板之所以是你的老板，就是他那里掌握着大量你不可能知道的信息。任何一个走到领导岗位上且心智健全的成年人，对待下属提拔和发钱这样的事情都是经过最认真的思考的。你可以在业务或者技术的层面给他最尖刻的意见，但在这两件事上很难改变他的决定。除非你能搬动老板的老板给他施加压力。这么做显然有和老板交恶的风险，但也有一定的可能性，因为一般来说，因为信息不对称，老板的老板更容易把你当孙悟空看，因为他们通常不容易看到你猪八戒的一面。你自己的老板已经把自己当做孙悟空，怎么能把你看做是孙悟空？

所以在职场上混，一定要有猪八戒心态，因为在你老板那里你注定是一个猪八戒。何况从辩证法的角度来看，我们人人都是猪八戒。

★★★ **听戈说职场：** ────────────────────○

◎ 通常，大部分员工认为自己是孙悟空，而老板认为大部分员工都是猪八戒。为了解决这个问题，管理成了学问，职场秘籍之类的读物有了市场。

◎ 每个人描绘的自己，都是自己想成为的样子。

◎ 向老板要待遇最能证明你的确是一个猪八戒。

◎ 任何情况下都不要标榜自己是孙悟空。这不是谦虚的问题，因为你真的不是。

> 在一个管理上有问题的组织中，人们最好的趋利避害方法就是以老板为中心。而如李涯那些试图坚持原则，把组织利益放在第一位的骨干员工们往往不能得到领导的赏识，不可避免地受到排挤，只落得在无人的角落暗自垂泪。

做骨干，还是做心腹？

如果我们略去电视剧《潜伏》中国共斗争的背景，你基本上可以在军统天津站几位高管的明争暗斗中看到自己办公室的些许影子。

站长吴敬中，在上面有根基沟通顺畅，在下面有威信知人善任，遇到大事沉得住气，体恤下属不推脱责任，刚柔相济，有人情味，除了贪财，基本算个不错的领导。情报处长陆桥山有靠山、有资历，对业务漠不关心，对官位百折不挠，心急之下屡出败招，自断前程。前行动队长马奎，野心有余，智力不足，心高气傲，竟然不把领导放在眼里，犯上作乱，最终命丧黄泉。至于主人公余则成，虽然洞悉人性弱点，明察职场秋毫，但因为有信仰、有使命，只能当做同志，不能看做同事，和其他人不具可比性。

我特别想说的是李涯这个人。李涯在延安做卧底败露，进入军统天津站，基本相当于职场能人跳槽来到新公司。虽然是上面挖来委以重任的角色，但他的到来打乱了原来的利益格局，威胁到了其他同事对升职的心理预期，即使他能够得到老板的信任和充分的授权，但来自同僚的敌意必然让他的工作环境异常的复杂。

如何能够在新的环境中站得住脚，李涯采用了他认为最简单有效的做法——让业绩说话，这是主流社会最拿得上台面的价值观。无论东方还是西方，无论解放区还是国统区，爱岗敬业、努力工作总是老师教育学生、家长培养孩子、领导激励员工的不二法宝。其实所有价值观的教育都是理想教育而非现实教育，所有的成长都是每个人在理想和现实之间通过实践寻找平衡的过程。

李涯相信自己的才能，相信他总会用自己的业绩证明一切，但别人不给他这个机会，入职两年，一事无成，面对同事的敌意，领导的不理解，备受挫折的李涯坐在办公桌前潸然泪下。那个长镜头，让无数在职场拼杀而又总是郁郁不得志的才子们感同身受，想起过去的蹉跎岁月如何能够释怀？

忠于组织，才干卓著，廉洁奉公，睡在办公室，吃在大食堂，除了工作没有任何业余爱好，在任何一个组织中，李涯们都是最理想的员工，但却并不都是每一位领导理想的下属。在任何一个组织中，那些担当领导职务的人大多是因为他们能够给组织带来更多的价值，而不是比其他人更忠实于组织。遇到吴敬中这样的领导是李涯的不幸，他们对员工的评价在于能够给自己而非组织的价值。余则成却洞悉这个职场潜规则，自然会成为领导的心腹。而李涯这样的员工虽然可以成为骨干，但永远不能成为心腹。骨干的意思是，在工作中你会得到充分的授权，承担巨大的责任，但在分享成果的时候却常常被忽略。

骨干不能成为心腹来自于他们的价值优越感。由于自身价值的不可替代性，他们拥有不同于普通员工的心理特征及行为模式。他们的价值信条是为岗位负责而不是为老板负责。在一家小作坊或者几十人的小公司里，这两者往往是合一的，而在一家有多个管理层级的大型组织里，二者之间却有微妙的差异，李涯们认识不到这一点，把党国和站长混为一谈。

在一个管理上有问题的组织中，人们最好的趋利避害方法就是以老板为中心。而如李涯那些试图坚持原则，把组织利益放在第一位的骨干员工们往往不能得到领导的赏识，不可避免地受到排挤，只落得在无人的角落暗自垂泪。

一个场景中，李涯这样回答一位叛徒有关你为什么替党国卖命工作的提问："结束战争，让孩子们能够安心地读书。"而在另一个场景中，李涯却对自己迟迟不能被晋升为上校大发脾气。有人据此批判李涯的虚伪，否定他工作动机的正当性，并试图推导出李涯与一切反动派没有本质的区别，都是为一己之私置民族大义于不顾的混蛋的结论。但李涯真的不是吴敬中，用他自己的话说："我们都是小人物，没办法改变时局，但可以履行好自己的职责。"

　　管理学家德鲁克说："组织需要个人为其做出所需要的贡献，个人需要把组织当成自己实现人生目标的工具。他要求能够通过工作在职位上发挥所长建立自己的地位；他要求企业履行社会对个人的承诺，通过升迁机会实现社会正义。"这段话可以非常好地解释李涯为什么在那样一个依靠潜规则运行的组织里也不放弃努力工作。李涯的悲剧在于他没有认真地去思考，自己现在所服务的组织已经不能够实现他简单的人生目标。

　　剧中把情报工作做成买卖的谢若琳说："以后仗打完了，就不说什么主义了，只说钱。"无数人的行为验证了谢若琳预言的准确性，但有更多的人发现，钱并不能回答他们对自身价值的所有思考和追求。其实，谢若琳那样的纯粹境界也不是谁都可以达到的，在任何社会，人们都会有金钱之外的追求。

我们每个人身上都有李涯的影子，现在不一定为"主义"而奋斗，但总要对自己的人生价值有个交代。

混在一个没有希望的组织里，再碰上一个心中只有私利的老板，除非你放下身段，从骨干混成心腹，否则，你所得到的所有正向的人生观教育、所学到的所有管理学的原理都可能成为你事业发展的羁绊。你唯一能做的是逃离。和平年代的最大好处是，你有充分的选择权，而不必像李涯，在无尽的悲凉中等待毁灭。

◎ 所有价值观的教育都是理想教育而非现实教育，所有的成长都是每个人在理想和现实之间通过实践寻找平衡的过程。

◎ 领导所以是领导，是因为他们能够给组织带来更多的价值，而不见得比其他人更忠实于组织。因而，他们对员工的评价可能在于能够给自己而非组织带来的价值。

◎ 骨干不能成为心腹来自于他们的价值优越感。由于自身价值的不可替代性，他们拥有不同于普通员工的心理特征及行为模式。

◎ 骨干为岗位负责，心腹为老板负责。

◎ 做心腹的人潜在风险是：你的职业生涯会随老板职业生涯的结束而结束。

◎ 做心腹是股票投资，做骨干是债券投资，风险不同，回报率不同。

大部分情况下，我们所声称的朋友——铁哥们、闺蜜，其实并不具备朋友的特质，也难以通过朋友准则的考验。在办公室，好朋友通常只是疑似，我们交到的是一个战壕的战友、一个商场的生意伙伴、一个生活中的玩伴，维系这种"友谊"的虽然也有情感因素，但起决定因素的是利益关系。这种关系和真正友谊之间的区别是，只具备三个条件中的一个——信息和秘密的分享，而不具备其他两个——信任和承诺。

> 尤其是在两个女性朋友之间，相互之间对对方信息的了解非常的深入和全面，但没有相互之间的信任和内心的承诺。所以这种疑似友谊非常容易破裂，而一旦破裂，以前一起分享的秘密就成了"人所共知的秘密"，会给双方带来非常大的伤害。

小心密友变仇敌

青春期的小混混们经常会用砸商场玻璃、往墙上涂鸦来发泄他们莫名其妙的愤怒和无聊。树立在闹市的大幅章子怡海报被人泼上墨汁，据说是几个"着黑衣、戴墨镜"的成年人所为，目的是为了表达另一个女人对她的羡慕嫉妒恨。

早先，当一个女人咬牙切齿地恨另一个女人，却又拿她无可奈何的时候，会扎一个小草人写上对方的名字，再往它的身上扎入无数根钢针，然后念念有词咒她早死。可怜几个外表颇有黑社会大哥风范的壮男演出的"泼墨门"，其实就是"针扎草人"的现代版。

据说，这两个女人的关系是闺蜜——同性之间仅次于同性恋的亲密关系。坊间有各种传言的版本，有合作生意说、有拉皮条说等等，这些既无法考证又有吃官司的危险，自不必乱下判断。但"泼墨门"源自两个女人友谊的破裂之说似乎是可以站得住脚的。咱们就从这说开去。

社会学家贝弗利·费尔深入研究了友谊的性别差异，提出了如下的结论：女性之间更倾向于两两交往，而男性更倾向于群体交往；女性的友谊是"全面的"，而男性更趋向于做不同的事有不同的伙伴；女性之间的自我表露要高于男性之间的自我表露；女性之间的友谊比男性之间更亲密。另一位社会学家赖特用更简练的语言表达了友谊之间的性别差异：女性之间的友谊是"面对面"的，而男性之间的友谊是"肩并肩"的。正是因为这样的原因，任何两个曾经亲密的女人之间，友谊的破裂是一场十足的灾难。迄今为止，我听到的对一个女人最致命的评价几乎都来自于其前闺蜜之口。

女性对友谊的需求显然高于男性。在一间办公室，女性，尤其是年轻的未婚女性，通常会寻找可以发展成为亲密关系的同性伙伴。这种关系的建立既是情感的需要，同时也是职场生存和发展的需要。

什么是真正的友谊呢？两位英国的研究人员阿盖尔和亨德森在1984年做了一个有关友谊准则的多国调查，总结出了不同国家的人对于友谊所共同认可的四十三项准则，这些准则包括：在需要的时候自愿提供帮助；尊重朋友的隐私并保守秘密；保持信任；信赖并彼此倾诉；对方缺席的时候能够代表对方；不在公开场合彼此批评；情感性的支持；在一起的时候努力使对方快乐；包容彼此的其他朋友；分享成功的消息；寻求建议；不责备对方；经常开玩笑……对照一下，你的周围能够同时满足这些准则的有几个？

对照这些有关友谊的准则，你会发现在职场发展出一两个密友会有诸多好处：在面对自己应付不了的工作的时候朋友会主动帮忙；开会的时候会有朋友积极的支持；私下里一起鄙视老板抱怨公司；迟到的时候会有朋友帮着签到或者打卡……

人在社会上有各种各样的关系，上有父母，下有子女，还有同事、同学、生意伙伴等等，但爱人和朋友是有别于其他社会关系的一种关系，也就是社会心理学所说的亲密关系。说白了，真正的朋友就是同性之间的爱人，它的本质是相互间的喜爱。亲密关系的存在需要有这样一些条件：第一、对共同信息和秘密的分享；第二、彼此的相互信任；第三、对彼此关系的认真承诺。真正的朋友和真正的伴侣一样是人生的奢侈品。

大部分情况下，我们所声称的朋友——铁哥们、闺蜜，其实并不具备朋友的特质，也难以通过朋友准则的考验。在办公室，好朋友通常只是疑似，我们交到的是一个战壕的战友、一个商场的生意伙伴、一个生活中的玩伴，维系这种"友谊"的虽然也有情感因素，但起决定因素的是利益关系。这种关系和真正友谊之间的区别是，只具备三个条件中的一个——信息和秘密的分享，而不具备其他两个——信任和承诺。

尤其是在两个女性朋友之间，相互之间对对方信息的了解非常的深入和全面，但没有相互之间的信任和内心的承诺。所以这种疑似友谊非常容易破裂，而一旦破裂，以前一起分享的秘密就成了"人所共知的秘密"，会给双方带来非常大的伤害。

在一个地方工作，必定会多少产生利益上的冲突，也就容易导致友谊或者疑似友谊的破裂。所以有人告诫我们，千万不要试图在职场上寻找友谊。这种友谊说不定什么时候就会成为定时炸弹。但真正的友谊发生的前提是密切的接触和交流，在工作时间超长、工作强度超大的当今社会，不在朝夕相处的同事中间发展友谊，还能在哪里找到友谊呢？

按照马斯洛的需求理论，归属感是人类仅次于生理需求和安全需求的基本需求。除了家庭，最能带给人归属感的是友谊而不是公司。友谊是幸福人生必不可少的一部分，同时职场里的友谊又可以直接带来那么多现实的好处，可以给你的职业发展带来那么多帮助，为什么不在办公室里寻求真正的友谊呢？

通常，老板都是办公室友谊的有意破坏者。尤其是精于权术的权力所有者，最害怕的就是下属之间拥有真正的友谊。老板们最理想的下属是一群理性而冷漠的人，这样，最简单的管理就可以产生最大的效益。而对于员工来说，职场不光有我们的工作还有我们的人生，怎么能完全按照老板们的意愿而活着呢？那样的人生是不值得过的人生。因此，不要把友谊更多地表现在出双入对、窃窃私语上，而应该更多地投入信任和承诺。这样既可以减少老板们对下属结党营私的猜疑，也更能发展出真正的友谊。

回到开头的故事，其实两个女人之间的亲密从来就没有产生过。真正存在过的友谊会淡漠，但决不会反目成仇。说白了，那就是一次产生纠纷的生意。

★★★ 听戈说职场：

◎ 不在朝夕相处的同事中间发展友谊，还能在哪里找到友谊呢？

◎ 如果你在一间办公室工作多年而没有一个好朋友，是一种失败。

◎ 办公室里存在着真正的友谊，找到这样的友谊会给你的职业生涯带来直接的帮助。

◎ 大部分情况下，我们所声称的朋友——铁哥们、闺蜜，其实并不具备朋友的特质。

◎ 分清谁是真正的朋友、谁只是玩伴，在分享信息或秘密的时候要设置不同级别的加密机制。

◎ 闺蜜和好朋友之间的差别是，前者更注重分享，而后者更依靠信任和承诺。

◎ 通常，老板都是办公室友谊的有意破坏者。

◎ 用不着在公开的场合显示你们的关系有多铁，但自己要知道，相互之间到底有多铁。

看，多么残酷的现实，饭碗成了爱情的敌人，在办公室谈恋爱不是一个利益最大化的理性选择。

公司不希望员工之间的爱情或者婚姻影响管理的效率和公平，那块最适宜青年男女滋生爱情的田野被撒上了除草剂。

要饭碗，还是要爱情？

因为一个选题，想采访一下《杜拉拉升职记》的作者李可，我很有把握地给智联招聘的人力资源专家郝建打电话，《杜拉拉升职记》的序言就是他写的。按照我的逻辑，给书写序言的人和作者一定是很铁的那种关系，没想到，郝建竟然完全不认识李可，没见过面，没打过电话，没通过邮件，他们之间仅通过出版商单线联系。

上网一查，更加吃惊，畅销书作者李可低调到骇人听闻。迄今为止，没有任何记者目睹过李女士的尊容（抑或是先生？）。想想，李可竟如余则成般潜伏于某跨国公司，终日获取外企职场绝密情报，和电视剧《潜伏》中余则成唯一不同的是，李可真正的上级不是"组织"，而是我们——每一位读者。

我接下来的推理是：李可写的就是自己和自己现在服务的公司，所以没办法公开自己的身份，只能继续潜伏。业余作者的第一部作品大体是自己经历过的故事。这么多年来我也曾经多次有过把自己的工作经历写成小说的冲动，名字我都想好了，就叫《我在电视台的日子》。但是想到可能会招来往日的同事，从外面一脚踹开门，把一本书摔在我的办公桌上，厉声质问："我怎么得罪你了，TMD 这么寒碜我？"想到这个可能出现的场景，我就打消了自己成为文艺中老年的梦想。

上面的这番推理过程想要表达的是这样的意思：这是一个无限接近于现实的作品，里面的每一个人物，每一个细节都真实可信。

在《杜拉拉升职记》中，李可用很小的篇幅描写了人力资源经理杜拉拉和大区销售总监王伟之间即克制又热切的爱情。粉丝们希望在接下来的续篇《杜拉拉2：年华似水》中看到杜王二人爱情的柳暗花明、起伏跌宕。没想到的是，李可一口气又写了二十多万字，竟然没有了王伟，杜拉拉身上更没有新的爱情诞生。

名校本科毕业，姿色中上，事业蒸蒸日上，股价连连翻番的外企中层杜拉拉，形单影只地又走过了两年的似水年华。

在孤男寡女云集的办公室，在人才济济的大都市，年过三十的杜拉拉找不到爱情，碰不到那个想嫁的人。这是导致众多等着看爱情戏轰轰烈烈上演的粉丝们攻击续篇不如第一本好的重要原因。作为立志成为作家的李可放着这么好的题材不写会让人匪夷所思，但作为把小说写成职场教科书的李可，这么处理却是自然的选择，因为这样更接近白领们的真实生活。

现在，办公室仍然是一个可以出产爱情的地方，却很难让爱情持续，并成为生产婚姻的地方。

曾几何时，如果没有在大学里情定终身，在单位里找到自己的另一半是一个水到渠成的过程，办公室里有那么多的男男女女"在共同的革命工作中建立了纯洁的感情"，最后过上了夫妻双双把家还的幸福生活。还有那么多热心的大姐，把撮合新来的大学生当做她们最重要的业余爱好，她们哪儿去了？

让我们回到杜拉拉和王伟那段短暂的爱情。杜拉拉不肯和王伟走得更近，她是这样对自己所爱的人解释的："公司里有哪个经理在内部谈恋爱的？要是被公司知道，你是销售总监，总不会离开，那不就得我离开吗？我好不容易升到经理，不愿意这么快就离开。还有，何好德（老板）的栽培，对我来说是千载难逢的机会——如果他知道了，我总觉得他对我的态度会有变化。三个销售总监中，他本来最喜欢的就是Tony林，我怕他知道了对你更一般。想到这一切，我很不安。"

王伟回答说："你这么想很合理，也很自然。任何一个成熟的人，都会这么想。那么你希望我怎么配合你？"

拉拉犹豫了一下说："我说了你肯定会生气。"

王伟鼓励说："我是做销售的，做销售的人最开明，凡事都愿意找到利益最大化的方案，你说吧，我不生气。你不说出来，我才郁闷呢。"

拉拉说："假如我们相处得很好，我想这需要年把时间来下结论——那时候，何好德的四年任期也结束了，他十有八九会离开DB中国。而我通过前后两年的磨炼，应该已经成长为一个比较成熟的经理，离开DB，我也有了到市场上竞争的实力。"

看，多么残酷的现实，饭碗成了爱情的敌人，在办公室谈恋爱不是一个利益最大化的理性选择。

因为拉拉喜欢自己的饭碗，就只能选择暂时放弃爱情或者转入地下，这么婆婆妈妈的，黄花菜终于放凉了。

公司不希望员工之间的爱情或者婚姻影响管理的效率和公平，那块最适宜青年男女滋生爱情的田野被撒上了除草剂。

我刚刚参观过一个著名的软件公司，数千俊男靓女聚集在远离城区的软件园，工会会组织和其他单位的联谊，可公司依然恪守员工之间如果谈恋爱结婚必须有一个走人的制度。工会主席说，应该考虑改改了。但即使真的改了，杜拉拉的担心依然存在，在自己的公司里谈婚论嫁，在职场这个复杂的生态圈谈情说爱，总会对职业成长产生不利的影响。你能保证别人不会把对你恋人的不满转嫁到你的头上？你能保证对你示好、总是帮你的男同事、男上司还会像以前那样帮助你进步？

越来越多的职场女性选择了杜拉拉的道路。她们没有深厚的背景，受过良好的教育，即使有姿色也不肯用姿色换取不属于自己的利益，而希望靠个人奋斗获取成功，住自己的房子，买自己的车。她们想嫁人，但不愿意放弃自己的成功。

于是杜拉拉们，单着，飘着。

◎ 办公室产生恋情,有一个人必须离开,对公司、对当事人其实都是一种合理的制度安排。

◎ 因为有一方要离开,不等于不许谈恋爱。没有哪个公司会特别严格执行这样的规定。

◎ 所有"剩女"都是主动选择的结果,大部分"光棍"都是被动接受的结果。所以,"剩女"不是问题,"光棍"才是问题。

> 不论是对工作，还是对情感，海藻都活在别人的安排里，被动的接受是她面对所有问题的基本态度，她得到了什么样的生活，只取决于她遇到了谁，而不取决于她想要什么。海藻的问题不是当小三的问题，而是稀里糊涂当小三的问题。

做杜拉拉，还是做郭海藻？

家在外地、百姓家庭、一般大学、普通专业、平常成绩、中等能力，又想留在大都市，这样的大学生毕业了，进入一家民营小公司可能是唯一的选择。

那些分布在写字楼里一个开间、两个开间、几个人、十几个人、几十个人、一两百个人的小公司是最大的就业场所。像海绵一样，无数的小公司不留痕迹地把在外企、国企、公务员考试中碰了壁的大学生们吸了进来。经过几个月甚至一年多心力交瘁的找工作历程后，很多大学生们心不甘情不愿地接受了小公司的邀请，开始在大城市安顿了下来，继续编织他们的梦想，在一份平常的工作中寻找出人头地的机会。

郭海藻就是他们中的一位。在热播的电视剧《蜗居》里，海藻落草在了陈寺福的小公司里，碰到陈寺福这样的老板是海藻的悲剧。

剧里虽然对陈寺福的身世没有过多交代，但从后来的情节里可以清晰地看出陈作为一个小公司老板的典型性。本地人，在当地广结人脉；亲和且善于察言观色，容易和陌生人建立密切关系；文化水平不高，但有干劲、有雄心，有强烈的成就动机；不怕吃苦，愿意承担风险。可以说陈寺福的身上，有大部分创业老板的共同特征。不同的是，陈寺福这种老板没有什么实际的技能，比较心急，把致富的希望放在找一个靠山身上，通常这的确是一个捷径，所以，他会把所有的精力放在拉关系上。而像海藻这样有些姿色的姑娘很容易被陈寺福这样的老板看上，因为她们的美貌可以带来客户。

一位小公司的老板在酒桌上曾经半开玩笑地说，招收漂亮女孩的好处是省钱，和客户谈生意的时候，连饭钱都不用掏，合同就带回来了。果然，市长秘书宋思明看上了海藻。陈寺福寻找靠山的机会来了。

其实，在小公司工作，老板就是公司，与其说是找工作不如说是找老板。遇上一个好老板，不但能够迅速地学到安身立命的本领，还有比大公司更多的机会。碰到一个有理想、有能力的老板，完全有可能完成在大公司不可能实现的跨越式发展。常常有过来人告诉女孩子们，跟对人最重要，这个人不一定是老公，老板也一样。可惜的是，海藻没有跟对人，她没有鉴别一个老板的能力，也许根本没有想过这个问题。

除了相貌，海藻是无数普通的不能再普通的女孩中的一位。小家碧玉，没有什么野心，没见过什么大世面，没有主见，心地善良单纯。通过努力学习考上的大学是她们最大的人生成就，但她们的心智成长止于此，拒绝继续长大。如果不是碰上陈寺福这样的老板和宋思明这样的成功人士，她的人生不会发生什么大的差错：找一个喜欢自己的老公，做一份能够胜任的工作，相夫教子，然后在琐碎而充实的生活中慢慢变老。

高涨的房价成为这出悲喜剧上演的理由，但我更愿意把它看成背景。海藻走上现在这条路，不是因为姐姐的房子，也不是因为有多么强的物质欲望，或者是强烈的虚荣心，而是因为偶然出现了一个强烈地喜欢她的老男人，是她的那份工作把这个老男人送到了她的面前。她只是被动的接受者，从钱财到柔情蜜意，然后感受到这里面的好，便渐渐沉了下去。

从小受到严格家教的孩子，欲望总是被打压，埋藏在心底隐秘的地方，只有当懂行的人去调阅的时候，欲望才能浮出水面，并最终左右她的行为。

海藻的被动不但体现在面对宋思明这样一个追求者的手

足无措上，也体现在面对工作的时候。片中有这样一个片段：劳累了一天的海藻回到家，已经很晚了，突然接到老板陈寺福的电话，让她去卡拉OK陪客户唱歌。海藻一万个不愿意，但怕老板不高兴还是去了，去了以后却又一直敷衍。

其实，在公司工作，谁不会碰到陪客户的时候呢？她应当明白，陪客人唱歌就是她工作的一部分。但既然已经下班回家，真的不想去，随便撒个谎就可以推掉，但她编不出一个可以自圆其说的谎，只好硬着头皮去。既然去了，又唧唧歪歪，一副不情愿的样子。在公司里，陪老板进行这样的商务应酬是家常便饭，既积极地参与其中，又能够保护自己是一个职场女孩的基本素养。海藻没有思考过这里面的利害，也没准备调整自己的心理，只是稀里糊涂地跟着感觉走。她工作时间不短，但完全没有适应职场的法则。

对于那些深谙职场法则的女孩们，一眼就可以看透陈寺福让她接近宋思明的用意，接下来的时间她会巧妙地闪转腾挪帮老板建立关系，还会欢天喜地地拿着工作成果向老板要求奖金、加薪、升职。即使是真的爱上宋思明，发展成情人关系，也会让主动权牢牢地掌握在自己手里，该借钱借钱，该求助求助，而不是把相互之间的关系发展成"人情债，肉来尝"，把情感、职责、人情搅成一锅粥。这就是郭海藻和杜拉拉的差距。

不论是对工作，还是对情感，海藻都活在别人的安排里，被动的接受是她面对所有问题的基本态度，她得到了什么样的生活，只取决于她遇到了谁，而不取决于她想要什么。海藻的问题不是当小三的问题，而是稀里糊涂当小三的问题。

生活在社会这个复杂的机体里，其实清纯和愚蠢、顺从和无能都是一个意思的两种叫法。从走出校园的那一刻起，女孩们便没有了扮清纯的资格。不管你从小到大多么被娇惯，你都必须用大脑而不是直觉来应付你所面对的每一个问题。你可以选择挑战，也可以选择逃避，但不能选择顺其自然。

◎ 郭海藻和杜拉拉之间不只是价值观的不同，也是能力的不同。

◎ 职场上，清纯和愚蠢、温顺和无能都是一个意思的两种叫法。

◎ 你可以选择挑战，也可以选择逃避，但不能选择顺其自然。

◎ 有点姿色的职场女孩，如何和男性上司打交道是一个必修课，家长没教、学校没学，但自己要补上。

◎ 参加公司的应酬是工作的一部分，既然是"应酬"，一定要学会好好"应酬"。

◎ 在小公司工作，老板就是公司，与其说是找工作不如说是找老板。

◎ 对女孩子们，跟对人最重要，这个人不一定是老公，老板也一样。

◎ 在职场中你首先是员工，然后才是女性。

> 她们的成功是职场奋斗的成功，而不是女人心计的成功；是"人"的成功，而不是"女人"的成功。婚姻和男人对于她们的成长和成功已经不再是最关键的因素，她们不再把命运寄托在婚姻或者是与男人的性关系上。

美女可以走多远？

莎拉·佩林很有可能成为走得最远的职业美女。我在美女前面加上"职业"两个字，是要把佩林这样的美女，与历史和现实中曾经出现过的那些在拥有权力方面走得很远的美女区别开来，比如曾经的江青、庇隆夫人、不久前遇刺身亡的贝布托、乌克兰前总理季莫申科等漂亮女人。

不管这些曾经的美女们有多么出色，赢得了多少人的爱戴，留下了怎样的历史，但她们身上的共同特质——依靠婚姻或家族势力获得的成功，与佩林的成长路径不可同日而语。她们属于过去，在那些真正踏入现代民主政治的国家里，这样的故事已经不可能再被复制。

而佩林则属于另外一个女人群体，她们由德国总理默克尔、芬兰总统哈洛宁、新西兰总理海伦·克拉克、韩国总理韩明淑等女性领导人构成，她们的出现，依托于现代民主制度，也是现代社会生产方式的产物。她们先是凭借智慧和努力在专业领域显现自己的才能，然后在适当的年龄后开始施展自己的政治抱负，在男性主导的社会中闪转腾挪，依靠她们的勇气、执著和坚韧获得尊敬和钦佩，并最终赢得了人民把国家交给她们管理的信任。

现代商业规则和民主政治，将催生越来越多的女性以获得社会权力作为自己职业发展的目标。政府高官、企业高管、高级专业人士（学者、律师、医生、作家、导演等）都是这种社会权力的标志。和传统"成功女性"的最大区别是，她们的成功是职场奋斗的成功，而不是女人心计的成功；是"人"的成功，而不是"女人"的成功。婚姻和男人对于她们的成长和成功已经不再是最关键的因素，她们不再把命运寄托在婚姻或者是与男人的性关系上。

和这些相貌端庄、令人尊敬的女性领导人不同的是，佩林是一个真正的大美人，即使是现在这个年纪，好好化化妆，做《花花公子》封面女郎还是没有问题。如果佩林真的成为美国历史上第一个女性副总统，她创造的不仅仅是美国的历史和美国女性的历史，她还将为那些兼有智慧和美貌，并心存高远的职场美女们树立起一个榜样。

一般来说，美女在低级别的职位上容易获得成功，而在高级别的职位上，长得漂亮，反倒有可能成为获得职业成功的羁绊。美国社会学家的统计数据和我们生活中的经验都支持这一观点。当然，在高层，鲜见美女的另外一个原因是，她们有更多即使退出竞争、也依然可以凭借婚姻获得安逸生活的机会。

这一现象的社会学解释是，相对相貌平平的女性，美女在职业生涯的初期，很容易因为漂亮的容貌获得更多的机会，但上升到一定职位后，决定她们职位升迁的人物将由基层领导变为机构的高层，而那些有更高职业追求、更高社会地位和职业素养的领导，通常不愿意冒被人说三道四的风险来提携美女。他们可能在办公室外面有无数的风流韵事，但绝不打下级女员工的主意。这样美女们在职业生涯的进程中反而受她们美貌的拖累。除非，她们以往的经历能够证明她们的成功不是依托自己的美貌，不会影响她们的声誉。

这是一个很难的举证过程，因为在职场生涯中，大多数情况下，美女总是会受到来自男性上司出于各种目的的额外关照。你很难拒绝那些开始并没有任何附加条件的好意，而这种哪怕是十分被动的接受也很容易成为嫉妒者的话柄。在任何一个机构里，最有权力的人和最漂亮的人永远是办公室的关注中心，发生在他们之间的任何细节都很难不被察觉，并被进一步放大和渲染，成为办公室里笑话的主要来源。

美国社会学者艾伦·约翰逊在他的著作中，专门分析了上司与下级美女之间由于先天的角色冲突所导致的后果。

他认为，上下级之间的性关系是不可能平等的，因为他们在社会系统当中的地位本质上是不平等的，而且这种不平等是不可改变的。上级控制了下级的薪酬、奖励、提升等一切与职业发展相关的要素，无论他是否会用这些手段使美女下级顺服，这些权力都自动地包含在上下级关系的根本特性里：只要是上司，就必然拥有这些权力。

即便两个当事人"认为"这种关系是建立在平等基础之上的，但实际上，他们只是假设自己拥有能够超越系统位置的能力，并假设他人可以正确地看待这种关系。

如果她拒绝了，她很有可能在职业发展上获得不公平的待遇。如果她顺从了或者主动投怀送抱，那么这段经历很可能变成她一生无法摆脱的阴影，因为在此之后她所有的职业努力都会被打上独特的标签，她的才华和辛苦在其他同事那里将变得没有价值。有的时候，不管她在他们的关系中如何避免特殊的好处，她都会被贴上"靠出卖肉体获得成功"的标签。

更为糟糕的是，这种名声会被看做是一种习惯，这种信息会得到最快速的传播，即使她更换到其他的部门或者机构工作，这让新的上司更容易动非分的念头。也就是说，你本来能够通过正常途径获得的利益，新的上司也会把建立新的性关系作为条件。

其实，对于美女们来说，她们的职场第一课就是如何和男性上司打交道。我问过一些职场美女如何应对这样复杂的局面，得到的回答是：一般来说当发现苗头，也就是总是得到一些私下的关心和关照的时候，装傻充愣可能是比较好的办法，也就是把这些关照毫不遮掩地在同事面前公开，理解成上级对员工的关爱并感激涕零，通过迅速界定相互之间的关系，把对方的想法扼杀在摇篮中。而一旦双方产生了心照不宣的秘密，即使在后面并没有发生什么实质性的关系，双方也都会被贴上"以权谋色"和"不择手段"的标签。在这里，"身正不怕影斜"是涉世未深的美女最容易犯的认识错误，因为人们永远只对"影斜"感兴趣。

当然，现实中很多职场美女正是凭借这种关系获得利益和成功的。对她们来说，在个人利益面前依靠美貌弥补智力或教育上的欠缺，我真的觉得无可厚非。但我这里的这些文字是写给另外一部分职场美女的，她们的天分和美貌本来可以让她们走得更远，却在成长的最初阶段就被腐蚀掉了。

共和党人找到佩林是他们的幸运，他们越是审视佩林的履历，就越是觉得满意。曾经参加过选美，获得阿拉斯加小姐选美亚军，却嫁给一个至今仍只挣四万多年薪的普通工人。大学一毕业和丈夫私奔，后来却甘心当贤妻良母，生了五个孩子。在从渔业工人、小电视台的体育主持人、小镇的市长和后来州长的职业生涯中，我们看到的是一个完全靠智慧和勇气赢得成功的女性，美貌只给人们带来了视觉上的愉悦感，而没有带来任何被证实的负面新闻。

让我们拭目以待吧，看这样一个现代职场美女能够走多远。

◎ 通常，美女在低级别的职位上容易获得成功，而在高级别的职位上，长得漂亮，反倒有可能成为获得职业成功的羁绊。

◎ 通常，人们会认为：如果某个美女利用自己的美貌为自己赢得过好处，那么这一定会成为一种习惯。

◎ 上下级之间的性关系是不可能平等的，而且这种不平等是不可改变的。

◎ 美女要想在职业生涯上走得更远，从开始就要尽量避免接受额外的关照。

◎ 要学会界定和上司关系的常用技法。

◎ 和西方国家相比，中国还处在传统社会，美女想通过自身的努力在职业生涯上走得很远是低概率事件。

○ 用招收女模特的标准招收女公务员，是对女性的侮辱，也是社会的一种耻辱。尽管我相信，在执行层面这样的标准更多的时候是一种参考，但还是无法原谅这种明目张胆的对女性的就业歧视。

"双乳对称"为什么成为招聘条件？

乳房是否对称，可以用来作为什么行业的招聘标准？答案是：公务员。

湖南省用红头文件规定，在录用公务员的体检标准中，要求女性"第二性征发育正常，乳房对称无包块"。尽管省人事厅出来解释，在这几年的招录过程中并没有一例因为不符合这个条件而被淘汰的案例，但这样的规定能够形成文件还是超出了普通人的想象力。

什么是女性的第二性征呢？医学上是这么定义的：乳房隆起、皮下脂肪丰满、皮肤细腻红润、骨骼纤细、骨盆宽大、音调较高、嗓音柔和。这么多标准，普通女孩哪能项项都"发育正常"？

这么一算，除了双乳不对称的，平胸的没机会了，皮肤黑粗的没机会了，膀大腰圆的没机会了，"烟酒嗓子"也没机会了。剩下来的估计都是"肤白貌美，体态婀娜"的了，再加上在激烈的公务员考试中脱颖而出的一定是"聪慧过人"型的才女，今后，在湖南各级机关的走廊里飘然而过的显然都是秀外慧中的美女。这样一幅想象中的场景，不仅有利于男性公务员的工作积极性，肯定也有利于本省的招商引资。

用招收女模特的标准招收女公务员，是对女性的侮辱，也是社会的一种耻辱。尽管我相信，在执行层面这样的标准更多的时候是一种参考，但还是无法原谅这种明目张胆的对女性的就业歧视。之所以说这是社会的耻辱而不仅仅是湖南省人事厅的耻辱，是因为，这样与现代社会格格不入的封建余孽充斥在几乎所有职场的明规则或者潜规则中。

在发达国家，经过女权主义和人权运动的长期斗争，大多形成了反就业歧视的法律体系。以美国为例，1965 年 7 月，公平就业委员会成立。随后，一部部法律相继问世：《雇用年龄歧视法》、《公平就业机会法》、《公平工资法》、《怀孕歧视法》和《残障人士法案》等。这些法律成为美国公平就业委员会执法的准绳。根据这些法案，性别歧视、怀孕歧视、年龄歧视、残障歧视、种族歧视、宗教信仰歧视、性骚扰等都属于就业歧视范畴。所以在美国，雇主在招聘员工的时候，涉嫌就业歧视的字眼在招聘广告里不能提，面试时，也绝对不能碰，你只能提问和工作水平及能力直接相关的问题。雇主们心里非常清楚，如果他们不想吃官司，就只能在暗地里打探他们关心的相关问题了。

除了招聘阶段，在升职、加薪、解雇等方面，如果雇员能够提出证据证明雇主有性别或者身份歧视行为，仍然被归为就业歧视，可以向公平就业委员会提出起诉。前些年有过一个著名案例，一位知名银行的女雇员，因为被上司认为"既老且丑"而遭解雇。该女雇员因为拿到了证据而赢了官司，获得了上千万美元的巨额赔偿。

当然，在中国现在的法律环境下，尽管《劳动法》中有禁止就业歧视的条款，但因为没有具体的操作标准，这样的条款只有理论意义，对现实中的就业歧视没有任何规范或震慑作用。所以，上了年纪的女员工也就用不着偷偷收集被歧视的相关证据了。

通常，大多数雇主对女性雇员相貌和身材方面的要求反倒不像湖南招女公务员有那样高的标准。我认识的一位老板竟然把不招收太漂亮的女员工作为一条招聘铁律——这是另外一种就业歧视，也应该给予批评。这标准虽然定得不合常理，但也有他的道理，老板说，漂亮女孩被娇宠惯了，又有可以预见的后路可退，反倒不容易塌下心来面对工作，同时，还容易引起管理层的争风吃醋，败坏职场氛围，增加管理难度。所以，如果你留意一下就会发现，那些产品竞争力很强、公司管理水平比较先进的著名企业里，尤其是外企，美女非常稀少，那种看上去比较亲和、动作干练、表达清晰但姿色一般的女孩却比比皆是。

这样看来，在大部分真实的职场中，对女性的就业歧视反倒不是相貌歧视，真正的歧视来自于对女性的年龄歧视。大多数雇主更喜欢雇用学校毕业到生孩子前这一阶段的年轻女性。这是女孩子们最好的年龄，相对男孩子，她们比较单纯，更容易接受公司文化融入团队，更容易被老板们的慷慨陈词所鼓舞，更愿意接受公司的各种规章制度，更容易换位思考，对公司也更忠诚，因而非常适合各种基础性的工作。而一旦进入生育期，女性员工在老板们眼中的价值便大大缩水，想办法给她们小鞋穿，挤走她们便成为很多企业老板布置或者暗示给人力资源部门的一项重要任务。

相对而言，公务员和国有企事业单位在这方面就好得多。所以你就可以理解为什么现在的家长，如果家里是女孩，一定要不惜砸锅卖铁全力帮着她谋一个官差，要是男孩，则不一定操那么大的心，让他自己闯荡也是一些家长的选择。也许这也是造成湖南省人事厅制定出来"双乳对称"标准的原因之一，通过这样的标准限定，能够录取更多的男性公务员，不至于让政府的办公楼里阴阳失衡。

也因为心里清楚对女性年龄歧视的潜规则，有些女性为了保住职位，要么没时间谈恋爱嫁不出去，要么结了婚不敢要孩子，直到拖成高龄产妇。其实，即使在美国，虽然有专门的机构和专门的法律来防止就业歧视，但对女性的隐形就业歧视也是普遍存在的，那种歧视散落在各级上司的日常工作中，你根本不可能抓到可以让你足以赢得官司的证据。

我想给出的一个可能遭骂的建议是：女性犯不着为保住职位而推迟生育或者在生育后马上回到岗位，在把自己搞得焦头烂额的同时依然不得老板的待见。从怀孕到孩子进幼儿园的三四年时间里，以降低家庭总收入为代价，回到家庭，在哺育后代的同时总结过去几年的得失，重新思考自己的职业定位，若尚有余力，还可以念个书、进个修、考个证什么的，充好电，然后重新选择自己的职业发展之路，迎接职业生涯的第二春。

◎ 针对女性的就业歧视是一个普遍的社会现象，在求职时要心中有数。

◎ 最普遍的就业歧视发生在女性的孕期前后，很多已婚未育女性要重新找工作会很困难。

◎ 美女也可能遇到就业歧视，在招聘面试中被淘汰有可能是因为你长得太漂亮。

◎ 目前，中国基本没有可以直接用来保护女性不受就业歧视的法律，因此也就不用找法律武器了。

◎ 最普遍的就业歧视并不表现在招聘上，而是体现在升职上。

> 女性同事之间更容易发生"欺负人"的状况，很容易被解读为女性嫉妒心强、心胸狭窄的传统理念。这为"唯女子与小人难养也"、"天下最毒妇人心"等封建糟粕做了新的注脚。

同为职场女，相煎何太急

危机来了的时候，老板们常常会用诸如同仇敌忾、患难见真情、置之死地而后生等豪言壮语激励员工的斗志，但公司不是军队，经济危机只能使员工的士气消沉，同时让职场环境变得更加恶化起来。

2009 年 5 月 10 日的《纽约时报》发表了一篇名为《上班族中的母老虎》的报道，文章说据一家名叫"工作场所欺负人问题研究所"所做的专题调查显示：在经济危机中，职场"欺负人"的情况有日趋严重的趋向，而发生在女性员工之间的欺负与被欺负的现象增加得更加明显。在男的欺负男的、男的欺负女的、女的欺负男的和女的欺负女的这四个选项之中，有40%的欺负人现象发生在女员工欺负女员工的身上。

"欺负人"不像是一个人力资源领域的专业名词，但却是职场一种非常普遍的存在。需要指出的是，老板给员工、上司给下级气受是天经地义的制度安排。可以理直气壮地给员工或者下属气受属于公司对管理人员的软性薪酬，也是职场里对员工努力上进的一种重要的激励手段——你越向上爬一层，能够给你气受的人越少。所以这都不属于"欺负人"范畴。

"欺负人"是特指同级同事之间，因为在公司内部争夺资源或者获得心理上的满足感，对同事公开欺辱或者背地使绊儿。女性同事之间更容易发生"欺负人"的状况，很容易被解读为女性嫉妒心强、心胸狭窄的传统理念。这为"唯女子与小人难养也"、"天下最毒妇人心"等封建糟粕做了新的注脚。

但最新的研究表明，晋升通道的狭窄才是造成女性员工之间欺负人现象的根本原因。在美国，经过长达五十年苦苦追求平等之后，女性在管理人员、专业人员等相关职业中所占的人数超过了一半。但在2008年进行的一项普查结果表明，《财富》500强企业中只有15.7%的主管人员和15.2%的董事会成员为女性。经济危机只不过是加剧了这种现象罢了。现在的情况下，女性员工不仅要为了职位的升迁继续努力，那些本没有太高职业成就诉求的普通女员工也要加入到保卫自己饭碗的斗争中来了，女性加入职场竞争的比例进一步扩大。

过于稀缺的升迁机会和更多的女性希望获得职业成功的社会趋势，使女性之间的竞争更加激烈。有人说，为了达到同样程度的认可，证明自己有同样程度的领导才能，女性必须付出的努力是男性的两倍。一位美国著名的女性 CEO 前不久大骂，那些宣称自己可以在家庭和工作之间轻松地切换、两不耽误的高级职业女性像是说谎的婊子，因为这是在误导职场的女性。她自己每天要处理两百封邮件，参加好几个会议，每天工作十几个小时，很少有时间照顾家庭。

这种情况在一些容纳女性就业人口多的行业尤为突出，比如传媒、广告、大众消费品等行业，职场女性之间的竞争显得更加激烈。在这些企业中，女性员工的比例甚至超过60%，但在管理层位置上，女性任职的比例却并不比其他公司高多少。另外在普通行业中，公司内部如人力资源、财务、销售等部门，女性员工的比例也明显偏高，升迁渠道更是狭窄。在这样的公司或者部门里，女性的竞争对手首先是同性别、同级别的同事，而不是男性。

人多了，路窄了，职场氛围肯定会变得坏起来。

"欺负人"的事情在年轻女性之间虽然也有发生，但因为职场新人处的位置比较低，工作的交叉度也低，虽然工作中也免不了有小磕碰，欺负人的现象无论是频率和强度都要低得多。

比较常见的是年长女员工欺负年轻女员工。年轻女员工，尤其是有点姿色的年轻女员工肯定容易获得男同事、男上司的关照和偏袒。老板们乐得以给年轻人压担子的名义给她们更多的机会。到风景名胜地出个闲差啊，容易露脸的工作啊，这样的美事更容易落在她们的头上。不欺负这些"小妖精"欺负谁？所以那些在老板和男员工那里顺风顺水的女员工，在她们的大姐那里处处碰壁。下班的时候，你若看到有个小姑娘趴在那里嘤嘤地哭，八成是又被哪个大姐欺负了。

更惊心动魄的是成熟职场白领之间的互相欺负。熟女之间的欺负发生在不动声色之间，职场新人们看到的是，她们总是用夸张的语气赞美对方的脸蛋身材、衣着服饰，一起夸孩子、比老公、骂婆婆，但往往谈笑之间，兵不见血刃，谁欺负了谁局面已定。

这个年龄段的女员工，家庭资源和社会资源都加入到职场竞争的元素中。有姿色的没能力，有能力的没背景，有背景的没资历，有资历的没智慧，各自用自己的长项欺负别人的短处。相对男性，女性的职业生涯相对更短，更短的职业生涯，更少的升迁机会，更雄心勃勃的进取心，让职场惊涛拍岸。

看看有人给职场白领女性订的生存守则：衣着光鲜亮丽是

必要的，你必须时常以不同的样子出现在别人眼前，但又不能让同事觉得你过于喜欢打扮；你必须注意与异性同事和上司的关系，你不能表现得过于亲密，别人会以为你意图以美色博取些什么，但如果你整天板着一张脸，别人会觉得你故意装清高；在公司里，你不能有喜欢的男人，更不能试图和同一个公司的男人谈婚论嫁，一旦到了那一步，离开公司的一定是你，而那个臭男人却仍旧可以稳稳地坐在他原本的职位上，跷着二郎腿考虑是不是要把你甩了；一旦进了职场，你就不能把你当女人，你必须把自己从内到外看成是一个男人，无论是对待工作的态度还是对待自己的态度，你不能觉得因为自己是女孩子，你的工作就能比男人差一些，无论前一天的身体如何不适，第二天你仍旧得照常上班。

我听到过的一个职场女强人最强悍的话是：我只有在上厕所的时候才意识到自己是一个女人。

◎ 被人欺负，未必是因为你做错了什么。

◎ 女性晋升通道狭窄是造成女性员工之间欺负人现象的根本原因。

◎ "欺负人"现象大多发生在年长的女性员工和年轻的女性员工之间。

◎ 上司如果也是个女人，汇报工作的时候，一定先看她的情绪。

◎ 工作之外不要试图和与你年龄相差很多的女人来往太多，不要参
   与她们的谈话。

潜规则不同于性骚扰。性骚扰是权力拥有者利用职权对女性的一种胁迫，被骚扰者为了保住工作只能忍气吞声。而潜规则是一种交易，其本质是贿赂，也就是说"潜"与"被潜"者都试图通过绕过真正的"规则"而获得个人的额外好处。

潜规则，不是谁都玩得了

吴思先生为我们贡献了解读中国社会一个重要的词汇——潜规则。

和"潜规则"相对应的是"规则"。比起写在纸上、钉在墙上的所谓"规则"，很多时候隐藏在它后面的潜规则才是人们真正遵循的行为准则，其实，这是中国社会人所共知的秘密。一语中的、一针见血、一剑封喉，人们突然发现，竟然有这样一个传神的词汇，可以把我们生活和工作中所遭遇的各种矛盾、各种纠结、各种愤怒全部概括、一网打尽。

对这个词汇的传播做出最大贡献的是一个名叫张珏的女

演员。她在自己一系列令人瞠目结舌、惊世骇俗的行为中活学活用了这个新词——她把女演员通过和导演上床从而得到工作机会的行为解释为演艺行业的潜规则。张钰让这个原来只在知识分子语境里出现的词汇成为大众流行语。

这个在试图进入影视圈的过程中屡战屡败，搭上了自己的青春年华和身体的年轻女演员不但把一些知名导演告上了法庭，并且把她和一位副导演的性交易录像放到了网上，内容之火爆几近 A 片。

想必吴思先生对此哭笑不得。按照作者本意，潜规则是这样定义的："在仔细揣摩了一些历史人物和事件之后，我发现支配统治集团行为的东西，经常与他们宣称遵循的那些原则相去甚远。例如仁义道德，忠君爱民，清正廉明等等。真正支配这个集团行为的东西，是非常现实的利害计算。这是一些未必成文却很有约束力的规矩。我找不到合适的名词，姑且称之为潜规则。"

张钰在让潜规则概念风行天下的同时，也让这个词偏离了原来的意思。现在，通常情况下，人们说到潜规则时的意思是：通过提供性服务获得某种利益的行为。

让我们一起来回顾一下近年来被报道的其他几起引起社会广泛关注的典型潜规则案例。北京交通大学研究生进修班一位女学员为了考取"马克思主义理论与思想道德教育"专业的研究生，与负责研究生考试命题的教授发生了性关系，此后她得到了两套专业课考试的题目和答案；还是考研究生，一位中央音乐学院年过七十的老教授向院方坦白收取一女学生钱财并与之发生性关系。

潜规则不同于性骚扰。性骚扰是权力拥有者利用职权对女性的一种胁迫，被骚扰者为了保住工作只能忍气吞声。而潜规则是一种交易，其本质是贿赂，也就是说"潜"与"被潜"者都试图通过绕过真正的"规则"而获得个人的额外好处。

凡是成为新闻的潜规则事件都是交易失败的结果，相当于人们常说的"花钱不办事"。张钰的愤怒是和导演上床却没有得到和男主角演床戏的机会，女学生的不平是被教授研究了身体却没有成为研究生。

招生、提拔、招聘、选演员本质上是一种行为，都是一个选拔人才的过程。从众多的候选人中找出最优秀或者最适合的人选总会有一套规则和流程。当这种选拔的候选者和当选者比例过大而选拔规则比较模糊或者不够透明的时候，潜规则就会起决定性的作用。当候选人总是在规则面前碰壁的时候，就不再相信明规则。

在这种情况下通常会有两种选择：一种是学习伊索寓言中的狐狸，改变自己的价值观，把摘不到的葡萄都当做"酸葡萄"，厌恶你不能得到的任何东西；另外一种就是所谓的"创新性越轨"——如果规则不起作用，我们只能通过非正常的手段来获取什么利益的话，那么我们就会这样做。改变价值观要比改变方法难得多，当我们认为"规则"已经真正不起作用的时候，自然希望寄托于潜规则。

一个渴望被提拔的干部，如果自认为应该被提拔而总是没有机会，他就会认为提拔的潜规则是要花钱。而一个家境普通的女演员，在自认为相貌演技不错而总是不能获得一个角色时，她想到的一定是性，这是她可以进行交换的唯一筹码。随着就业压力的增大，女性工作愿望的日趋强烈以及适合女性工作岗位的缺乏，潜规则发挥一定作用的招聘和提拔也越来越多。在一些竞争激烈，候选者中存在大量年轻女性而决定权在成年男性的选拔过程中，通过性来进行潜规则就成为一种较普遍的现象。

潜规则的确存在，但在多大范围内到底起多大作用却永远是一个谜。在以钱为标的的潜规则中，会形成一种真正的规则，交易双方虽然不定合同，但交易被认真完成的概率要大得多。而以性为支付手段的潜规则具有更强的隐蔽性，不透明、不公开、不受法律保护，性的价值也难以判定，所以，在这样的交易过程中更容易被欺骗。

演员之于剧组（或者影视制作公司），是一种临时性的劳动关系。副导演的职位很有些企业 HR 总监的意思，招聘演员是他的主要工作，在这样一个临时性的组织结构里，演员就是雇员。但《劳动法》中对于女性在特定生理周期如经期、孕期、哺乳期的劳动强度方面有不少明确的规定，但却没有防止雇主方按照潜规则行使职权的条文。所以，迄今为止没有任何有关潜规则方面胜诉的案例。即便是张钰已经不顾脸面拿出了与副导演性行为的录像，也没有办法帮她哪怕是获得立案的机会，更不用说胜诉了。她的顽强斗志换来的仅仅是"真够下流，做下此等龌龊事还拿出来张扬"的社会评价，而副导演也仅仅得到的是足够无耻，收了"订金"居然不兑现承诺的骂名。

因此，可以说，以性为支付手段的潜规则毫无规则可言，是世界上最不靠谱的风险投资。

盲目地相信潜规则是一种弱智的表现形式。

其实演艺圈并不比其他行业更流行潜规则。只不过在这个圈子里拥有丰厚的性资源，潜规则是性而不像其他行业那样更多的是以金钱作为交易手段。媒体和公众对于演艺圈潜规则的过度渲染，让一些涉世未深的女孩误以为，潜规则是进入这个行业的唯一规则。被称为"九零后贱女孩"的双胞胎姐妹遭遇的就是一个典型案例。

你可以用潜规则的存在来解释别人的成功，可以作为自己屡受挫折的安慰。但要想轻易地把潜规则玩弄于股掌之中，可能需要的努力比你的辛勤付出更大，要么怎么叫潜规则呢？

◎ 潜规则是一种履约率不高，且无法投诉或毁约的交易行为。

◎ 以性为支付手段的潜规则具有更强的隐蔽性，不透明、不公开、不受法律保护。

◎ 性的价值难以量化导致交易标的不确定。

◎ 潜规则是一种高技术含量的行为，并不是谁都可以驾驭。

◎ 把潜规则玩弄于股掌之中，可能需要的努力比你的辛勤付出更大。

◎ 潜规则的本质是行贿，但行贿对专业职位的帮助不大，比如演员。

> "性骚扰"是一个全球性的问题，国际上对"性骚扰"(Sexual Harassment) 的概念非常清晰，是专指发生在工作场所男性上司和同事对于女性下属或同事的性侵犯、性暗示，也就是说"性骚扰"属于劳动法范畴而不属于刑法范畴。

遭遇性骚扰：你会告吗？

"给女下属发黄色短信，扰乱对方的正常生活；在办公室对着女同事大讲荤段子，影响对方的正常工作，这些今后都可能属于'性骚扰'的范畴。"报社记者用这样的导语作为报道《北京市实施〈中华人民共和国妇女权益保障法〉办法（修订草案)》开头。给女性发黄段子属于性骚扰——媒体用一贯喜欢的以偏概全的方式向公众介绍这条即将审议的新法案。

这项草案第三十八条规定：禁止以语言、文字、图像、电子信息、肢体行为等任何形式对妇女实施性骚扰。北京市政府法制办主任周继东表示，这是本市首次以立法形式明确了性骚扰的具体形式。

媒体认为这项法案让 2005 年正式实施的《中华人民共和国妇女权益保障法》"禁止对妇女实施性骚扰"的条目有了具体界定，在实践中便于操作。其实这条规定只相当于把"禁止殴打他人"细化为"禁止使用拳头、脚、肘部、膝盖、木棍、皮鞭、砖头……殴打他人"，和没说差不多。不过这条新闻还是有它的价值——再一次把"性骚扰"这个敏感又暧昧的话题推到了公众面前。

需要指出的是，无论是《办法》本身还是记者的报道都让"性骚扰"的概念更加的模糊。

修订草案规定，用人单位、公共场所管理经营单位应当根据情况采取措施，预防和制止对妇女的性骚扰。立法机构有疑似专家的人出来解释说："这些措施包括在电梯等公共场所安装摄像头、在 KTV 等营业性场所设置可视窗口等办法。"把公共场所耍流氓、公交和地铁上的咸猪手以及娱乐场所的情色交易纳入性骚扰的范畴，让人哭笑不得。这些都属于《治安管理条例》的范畴，归警察管，和"性骚扰"的概念相去甚远。连专业人士都这样糊涂，看来中国距离真正的正视这个严重侵害女性权益的重要问题还有很长的路要走。

"性骚扰"是一个全球性的问题，国际上对"性骚扰"（Sexual Harassment）的概念非常清晰，是专指发生在工作场所男性上司和同事对于女性下属或同事的性侵犯、性暗示，也就是说"性骚扰"属于劳动法范畴而不属于刑法范畴。

上世纪七十年代《欧共体就业法》对"性骚扰"有明确的界定：(a) 该行为对受动者来说是不希望的、不合理的和带有侵犯性的；(b) 就雇员而言，拒绝或顺从上司或同事的此类行为被明显或含蓄地作为影响其接受职业培训、受雇、提升、薪水或其他雇佣决定的条件的；(c) 此类行为对受动者产生恐吓、敌意或侮辱性后果的。

值得庆幸的是，司法机关的脑子还是清楚的，我查到的两例诉诸法律的"性骚扰"案例都发生在工作场所的男上司和女下属之间，非常的典型。一个是发生在 2003 年的"北京首例性骚扰案"。某公司雷小姐诉其部门经理焦先生对她"性骚扰"，甚至在同事们一起唱歌时公开触碰她的隐私部位。雷小姐说，遭遇"性骚扰"之后，她辞职并获准。此后的求职中，诸多公司将她拒之门外。她认为是焦某利用其影响力干扰她就业。法院因证据不足驳回了雷小姐的诉讼请求。另一起是重庆某小学女教师诉其校长"性骚扰"案。她的证据是校长发给她的十九条骚扰短信，里面有"好想好想把你视作红颜知己，你却总是拒之门外"、"好想吻吻你！好吗？"等内容。最后的结果，这位女教师仍然没有打赢官司。

从上世纪七十年代开始，在发达国家，遏制"性骚扰"

成为在工作场所维护男女平权的一项最重要的任务。这是因为越来越多的女性进入职场，而大部分女性在工作场所处于低层，她们的绩效、薪酬、升迁、雇佣多掌握在她们的男性上司和同事手中。在一些国家和地区，雇主有义务防止"性骚扰"已经成为法律。台湾在1994年颁布的《工作场所男女平权法案》中就有明确的规定：雇主必须有明确的防止"性骚扰"的规定；明确出现"性骚扰"时女性员工的申诉渠道；明确对"性骚扰"者的处罚等等。

在"CCTV雇主调查"活动中，我们坚持把公司是否有防止"性骚扰"现象的措施纳入评选最佳雇主的条件。从调查的结果看，大部分跨国公司做到了这一点，而国有和民营企业则鲜有在这方面的制度或习惯。我曾问过一位跳槽到新公司的男性高管，他们的公司是否有这样的措施，他回答说："就职前老板和我谈话说过，两个不能碰的铁律是：公司的钱不能动，公司的女人不能动。这个算不算？"我说："算吧，至少贵公司把这个职场普遍存在的现象摆在桌面上了。"

在《杜拉拉升职记》中杜拉拉丢掉第一份工作的直接原因就是不肯接受私企老板的"性骚扰"，而在进入跨国公司后再也没有发生这方面的烦恼，制度的威慑还是很重要的。雇主制定自己相应的劳动规章预防性骚扰的出现，这是一种基础性的低成本的防范，更能有效防止"性骚扰"的行为。尽管专家一再呼吁，国内现在仍然还没有这方面的立法。

其实在现实中，"性骚扰"是一个严重影响女性职业发展和心理健康的问题。在国内，这个问题广泛存在但在公司内却讳莫如深，所有的人都当这个问题不存在，女性基本没有反抗或者揭露的勇气。如果一位有几分姿色的女性突然离职，遭到上司的"性骚扰"很可能是真正的原因。对于一个职业女性来说，如果不屈从上司的"性骚扰"往往意味着在这家公司职业生涯的终结。在目前的法律和社会环境下，对于可能遭受"性骚扰"的女孩子们，我甚至提不出来更好的建议。

不过，既然有这么个草案，保存男性上司涉嫌"性骚扰"的短信也许是一个保护自己的好办法，在你打算"鱼死网破"的时候能够有证据，不要反被诬为勾引上司未遂而倒打一耙。

但黄段子就算了，你应该记得，和同事一起听黄段子你不也笑得花枝乱颤，兴起的时候还补一个更黄的？

★★★ 听戈说职场：

◎ "性骚扰"专指职场中上司或同事对女性的"性侵犯"、"性暗示"。

◎ 保留证据。中国法律不健全，但有妇联有纪检委。

◎ 如果遭遇"性骚扰"最后的选择却是自己丢了工作，悄悄地走人了事，是不是太便宜那小子了？

◎ 调情和偷情都不属"性骚扰"范畴，告到哪儿也没用。

◎ 发黄段子也不属于"性骚扰"，但如果是有指向性的原创黄段子，就接近性骚扰了。

在没有决定放弃之前，你必须尊重自己的职业，有两条理由支持你这样做：或者你现在看不上的职业不知道在什么时候就成了人人羡慕的热门，或者你没有来得及等到那一天，但因为做得足够出色，自然赢得人们的尊敬，有了超越行业的社会地位。

在我们所遵循的传统价值观里，背叛家族、背叛团队、背叛某个政治集团是可以因为某种具体原因被认可甚至讴歌的。但不管因为什么原因，民族、国家是不能背叛的，这是底线。

阿凡达的背叛

看完《阿凡达》，从电影院出来，总觉得故事似曾相识。突然想起了多年前的《与狼共舞》，大悟，这剧本该不是从《与狼共舞》的剧本改的吧？这两部电影的共同主题是什么呢？是背叛。或者换一个角度表达——是觉醒。

《与狼共舞》中男主角奉命去驻守边塞，在只有他一个人的边防哨所里，他与他所防范的敌人——印第安人建立了信任和友谊，最后，他毅然背叛了自己的国家，勇敢地站在了正义的一方，和印第安人一起与美国军队战斗。在《阿凡达》中，不同的是，印第安领土变成了潘多拉星球，印第安人变成了长尾巴的外星人，相同的是，男主角同样义无反顾地加入了道义和正义的一方而背叛了自己的过去。这是一种终极的背叛——背叛人类。当然，和所有好莱坞电影的俗套一样，这种伟大的背叛依然和琐碎的男欢女爱密切相连：从爱上对方的女人开始，以得到那个女人结束。

无论是《与狼共舞》还是《阿凡达》，宣扬的都是这样一种普世价值：正义在哪一边你就应当加入哪一边。如果连人类都可以背叛，那么只要这个前提存在，你自然可以心安理得、义无反顾地背叛自己的家庭、背叛自己的团队，甚至背叛自己的国家。这正是现在的西方世界的主流价值观。

而在我们所遵循的传统价值观里，背叛家族、背叛团队、背叛某个政治集团是可以因为某种具体原因被认可甚至讴歌的。但不管因为什么原因，民族、国家是不能背叛的，这是底线。当年，在大陆和台湾，居然有一出传统京剧被两岸同时禁演，这就是《四郎探母》。北宋将领杨四郎在和辽国的战争中被俘，后来无奈娶了敌国的公主为妻，但心中却无时无刻不在挂念千里之外的老母亲。当得知母亲挂帅征战而来后，终于费尽千辛万苦见了母亲一面。中国的《四郎探母》，美国的《与狼共舞》，一部戏一部电影深刻地反映了中西价值观的差异。

无论是杨四郎还是"与狼共舞"，他们面对的困境在心理学上被称为"角色冲突"。角色冲突的专业表达是这样的：每个人都在社会中承担着多种角色，而一旦承担一种角色的最佳路径成为承担另外一种角色的最大阻力路径的时候，他就陷入了"角色冲突"的困境。

杨四郎的困境在于在宋朝将领、敌国女婿和一个孝子之间，他要想做好每一个角色都会与他承担的其他角色产生巨大的冲突，而他一直试图在努力地兼顾。既不愿意当丧失气节的"汉奸"，也不情愿成为抛妻弃子的负心汉，更不想成为数典忘祖的不肖子孙。这种选择的后果就是他不可能扮演好自己的任一个角色，每一个相关方都谴责他的三心二意，谁都不会真正把他当做自己人，真是集人生痛苦之大成。

而反观"与狼共舞"则要潇洒得多，当敌人给了他爱情、友谊、信任，而自己一方的贪婪、无情、掠夺让他难以接受的时候，他便毫无思想负担地加入了敌对方，挥舞着捍卫正义的旗帜去享受恣意潇洒的人生。

在工作中"角色冲突"无所不在，我最近听到的故事是这样的：一家公司要在外地开办分支机构，而根据政府规定，注册这样的公司，需要至少拥有五名通过行业资格考试的员工，而公司现在并不需要招聘这么多拥有资格证书的员工。我的朋友，负责组建这家分公司的负责人向老板请示怎么办，得到的答复是：这还不简单，先发招聘广告，要有证书的，录取之后先用他们的证书注册，完了以后，特别想用的留下，其他的开掉就完了。得到如此清晰实用的指示，朋友大汗。自然不想照此办法执行，但打听了半天得到的结论是，老板的指点是唯一可行的办法。没有办法，他只好照办。为了减轻自己的心理愧疚感，在接待应聘者的时候，他反复强调公司在实习期对员工的考查有多么严格，他们获得职位的可能性微乎其微。碰到一些真正求职心切又拥有证书的，他怕耽误人家的时间，会明确地告诉人家，不用在这里耽误时间了，你不适合本公司。

因为这样的纠结，证书迟迟不能找齐，公司注册时间一延再延，终于惹得老板不满，双方大吵，朋友最后只得辞职走人。

朋友说，在以往的商业活动中"坑蒙拐骗"的事也不是没干过，但这样有预谋、有计划地去骗一些求职心切的年轻人实在是于心不忍。他说自己没有道德洁癖，只是不想当一个骗子。

在这个故事中，公司经理的角色和做一个好人的社会角色发生了冲突。为了饭碗，朋友和杨四郎一样试图寻找一个对老板对自己都可以交代过去的投机做法，但结果是鸡飞蛋打。在我们坐在一起聊起这件事的时候，我非常不客气地指出了他这么做的虚伪性。

这种试图"又当什么又立牌坊"的心态非常普遍，人们总是试图天真地相信，即使面对着"角色冲突"，也是可以通过私下的阴谋诡计克服的，很多人把这当做为人的最高境界。但实际结果是，当真正的"角色冲突"发生的时候，协调是不可能的。你做好其中一个角色的同时一定会毁掉你的另外一个角色。

回过头来分析这个案例，其实可能会有更好的解决方法的。当老板面授机宜的时候，他其实是可以明确表示反对的，他本来可以说服老板，公司晚一些注册并不会耽误实际的工作。但他没有原则地答应下来，但在执行的时候却三心二意，在老板眼里这叫阳奉阴违。而迟迟不能完成简单的任务，让老板对他的能力产生了怀疑，最后双方不欢而散。

这其中的教训是，尽量不要让自己陷入"角色冲突"的境地。如果没有办法被动地陷入，那么毅然决然地选择一种立场吧，哪怕在别人眼里看来那是一种"背叛"。

★★★ 听戈说职场：

◎ 每个人在职场和生活都会扮演不同的角色，而一旦承担一种角色的最佳路径成为承担另外一种角色的最大阻力路径的时候，他就陷入了"角色冲突"的困境。

◎ 当"角色冲突"发生的时候，试图兼顾是最愚蠢的选择。

◎ 如果不幸陷入"角色冲突"，那么就毅然决然地选择一种立场吧，哪怕在别人眼里看来那是一种"背叛"。

梦想和事业之间的差异在于，梦想的实现是所有相关因素机缘巧合的结果，而事业的达成则是自身可控要素正确排列组合后的答案。事业和职业之间的差异在于，事业是你达到梦想的平台，而职业是这个平台的地基。

实现梦想从职业开始

粗壮的腰身、乱蓬蓬的头发、寒酸的服装，四十七岁的英国妇女苏珊·博伊尔出现在《英国达人》选秀节目的舞台上。当她展开歌喉的时候，她姗姗来迟的成功终于降临。苏珊一夜之间红遍全球。

这个来自苏格兰中南部小镇的中年女人一直独身，一辈子也没有跟男生约会过。自从十二岁喜欢上唱歌后，她一直梦想成为伊莲·佩姬一样的职业歌唱家。在接受媒体采访时苏珊说："我参赛动机非常简单，第一：圆儿时的梦想，第二：通过节目找到一个伴侣。"

苏姗的故事特别容易被包装成一个"有志者事竟成"的成功个案，诸如"宝剑锋从磨砺出，梅花香自苦寒来"、"只要工夫深，铁杵磨成针"、"成功在于再坚持一下的努力之中"等中外名句都可以用来做这个故事的注解。

在中国，现在也有一个有点关联的故事在电视和网络上流传。一位名叫谢利华的四十一岁女性，北漂十三年耗去父母三百万，也是为圆歌唱梦想。自称为学生的谢利华现在最主要的舞台是菜市场，买菜的时候唱上几嗓子，赢得人们热烈的掌声。参加高额的培训，向评委上供，请导演吃饭以及十三年的生活费，这是谢利华父母三百万血汗钱的去向。谢立华每天都背着一个重达三十多斤的大包，这里装着和她唱歌相关的所有东西，从不离身。她说："我一直是在咬牙迎着困难，坚强地往前走。"

说到这儿，必须提起另外一个人物，电影《立春》里的王彩玲。这个在偏僻县城当音乐老师的大龄女青年有一副偏于丑陋的相貌和可以用夜莺般的歌喉演唱意大利歌剧的拿手本领，她梦想能进入北京的音乐学院，在大剧院华丽的舞台上唱歌。几经努力，几番失败，她终于在现实面前低下头来，回归到普通人的平凡生活。

执著本来是一个中性词，却往往被赋予崇高的内涵。成功者往往用自己因执著而成功的故事教诲别人，但那些因为执著而碰得头破血流，凄惨走过一生的故事却被有意或无意地屏蔽起来。在这种外界氛围的影响下，执著有时变成一些人用来逃避社会、逃避责任、逃避选择的借口。如果执著再和艺术组合在一起，就足以幻化出一个高高在上、虚无缥缈的梦想制高点，用来麻醉自己，用来抵挡别人异样的目光和真心的劝告，谢利华就是这样一个标本。从她的自白中，我们看到的是一个被所谓的梦想魇住的死灵魂，她高举为艺术而执著的大旗，不仅搭上了自己的青春年华，也搭上了父母的血汗和生活。她的执著和因追求偶像刘德华而逼死父亲的杨丽娟如出一辙，那不是梦想，是魔怔。

谢利华是一个极端，她的故事其实不是一个奋斗者的故事，而是一个试图走捷径的投机者的故事。她花大把的钱贿赂评委、宴请导演，找知名专家上昂贵的辅导课，她把梦想的实现寄托在他们可能带来的机会上。如果说很少有人像她那样把整个青春年华浪费在一个虚无缥缈的梦想上的话，希望依靠走捷径改变人生的人则大有人在，但走捷径恰恰是最考验智慧的地方。

和谢利华相比，王彩玲的奋斗故事令人尊敬。她有音乐教师的职业，她以自己的职业为大本营向理想冲刺，尽管最终以失败告终，但她没有什么可后悔的。她没有浪费自己的专业和生命，在失败的过程中感悟了生活的意义，那是一个人从青春冲动的挫败中成长的故事。只是和常人不同的是，王彩玲的青春期更漫长了一些。

一份养家糊口的职业、一个色彩斑斓的梦想，是一个人给自己生命价值设置的最低和最高的标准，在它们之间还有一个不可逾越的阶段——安身立命的事业。

苏珊、谢利华、王彩玲在走向舞台的路上，一个功成名就，一个仍在努力，一个选择了放弃。执著是她们共同的信仰，成为一名歌唱家，是她们共同的梦想。执著发端于年轻时的天分和梦想。长大了以后，梦想照进现实，梦想必须和工作联系在一起，成为职业，成为事业，梦想才有实现的机会。

梦想和事业之间的差异在于，梦想的实现是所有相关因素机缘巧合的结果，而事业的达成则是自身可控要素正确排列组合后的答案。事业和职业之间的差异在于，事业是你达到梦想的平台，而职业是这个平台的地基。在高度分工的现代社会，有人想把职业和事业分开，把事业和梦想分开，这是不可能的。你想实现梦想，你只能选择王彩玲的奋斗方式，而不能期待苏珊的好运和谢利华的投机。苏珊的成功不能证明她的成功方式，而谢利华的失败却足以证明失败的路径。

事业是用来一步步完成的，而梦想是用来自我激励的。选秀节目的诞生，让一些符合这个时代欣赏口味的天才越过了职业和事业的阶段直达梦想。在苏珊的履历中，我没有找到任何可以证明她如何拜师学艺，如何刻苦训练，如何不屈不挠的证据。我更相信那是一个天才的偶然发现，那只是这个世界上不可多见的低概率事件，和执著有一点相关，但绝不是来自于执著。有很多老同志看不惯"超女"、"快男"这样的选秀节目，就是因为这种成功颠覆了他们对实现梦想过程的认识，担心误导年轻人都梦想一夜成名，而不愿意在琐碎的工作中一步步向梦想努力。

　　快，是现在这个世界区别于人类所经历过的那个世界的最本质区别，但没有快到大部分人可以逾越职业和事业这两个阶段直达梦想的速度。

★★★ 听戈说职场：

◎ 成功者用自己因执著而成功的故事教诲别人，但那些因为执著而碰得头破血流，凄惨走过一生的故事却会被屏蔽。

◎ 不要用梦想来逃避责任。

◎ 梦想必须和工作联系在一起，成为职业，成为事业，梦想才有实现的机会。

◎ 职业和梦想是人生命价值设置的最低和最高的标准，它们之间有一个不可逾越的环节——事业。

◎ 走捷径是难度最高而不是最低的选择。

如果不能在年轻的时候就有一份社会地位高的职业，那你剩下的只能是热爱你的工作，在今后的漫长岁月中把一份看上去不那么有社会地位的工作做得令人尊敬，并且有很好的收入和可以预期的未来。

请尊重自己的职业

什么职业有社会地位？什么职业没有社会地位？和这个行当以及从业者的口碑有关，更和时下的社会价值观密切相关，因此职业的社会地位是一个动态变化的过程。

比如公务员，在上世纪九十年代对大学生来说基本上是个鸡肋工作，待在机关是窝囊没本事的代名词，只要有人一招呼，说有挣钱的机会，很多人连国家部委的差说不要就不要了。你去部委机关问问那些现在的处长、司长们，如果家是外地的，他们当初大体只能娶到纺织厂女工和商场的营业员，还都是相貌平平的。哪像现在，在县政府某个科员的职位，就会有无数的美女蜂拥而至，还都是有学历的。

一位曾经在某清水衙门就职的朋友给我讲过这样一个故事：一日他和同事数位各带老婆在餐馆聚会，不巧碰到同学与其同事在隔壁包间，也是都带着老婆的，于是兴起，招呼在一起吃喝，竟发现自己同事的老婆们姿色总体比同学的同事的老婆们差一大节——那同学在国家的石油企业供职。这的确是一个比较残酷的现实，职业的社会地位，不但决定你过什么样的生活，还决定你能娶什么样的老婆。

虽然我下的这个结论应该在常识范围之内，但还是愿意引述一下这么说的理论根据。美国社会学家莎伦·布雷姆等的著作《亲密关系》是这样阐述的：正如统计数据显示的那样，在谈到爱的时候，女性比男性更为谨慎，按照进化论的模型，这是因为她们养育后代的投资比男性更大；而按照社会文化模型，仔细地挑选地位高的男性伴侣是妇女获得资源为数不多的方法之一。

这个结论告诉我们，在真正谈婚论嫁的时候，男性对女性更少歧视性，而女性对男性的社会地位有较高的要求，也可以说男性更浪漫，女性更实际。女性通常会选择社会地位高的男性做伴侣，是一个同时得到进化论和社会学支持的自然法则。所以那些在学生时代容易获得女孩子芳心的帅哥们，在走向社会后发现自己不那么吃香了是一个很自然的过程。

获得有社会地位的职业，是赢得爱情的先决条件，如果现在还不行，至少你得让那些有眼光的女孩子以及他们的父母们（这一点很重要）发现你身上具有这种潜质。

　　那么什么是有社会地位的职业呢，这是一个模糊的概念，硬要定一个标准呢，可以选取这样三个指标：收入水平、受尊敬的程度和稳定性。最理想的情况当然是三者兼顾，但大多数人只能在一个或者两个指标上说得过去。

　　但如果我们再进一步分析这三个指标，其实只要你在一个行当里做得足够好，这三个指标都可以发生变化，你做得越出色，你的社会地位和你的职业的相关度越小。你的社会地位在年轻的时候更多地取决于你在什么地方、干什么职业，但工作了几年之后，你的社会地位更多地取决于你在那个行当里干得怎么样，而不在于干一份什么职业。比如，都是卖保健品，隔壁老王家的儿子被要求退货的客户追得东躲西藏，而史玉柱就是商界领袖；都是搞网络游戏，前街张婶家的网吧被文化局查封了，而陈天桥不但成了首富，还开始进军网络文学搞起风花雪月了。

　　所以年轻的朋友，你爹妈的能力和你自己当下的能力如果不能让你在年轻的时候就有一份社会地位高的职业，那你剩下的只能是热爱你的工作，在今后的漫长岁月中把一份看上去不那么有社会地位的工作做得令人尊敬，并且有很好的收入和可以预期的未来。

在一些人看来，娱记似乎不是一个令人尊敬的职业，甚至被冠以"狗仔队"的称呼。狗仔队最近干的一票漂亮活儿是拍到了导演顾长卫和一女子在车上的幽会。从下午三点到半夜，记者跟踪顾长卫十多个小时，算顾导倒霉，碰上这样一个敬业的记者。最后，午夜时分，被追得走投无路的顾长卫下车试图和记者谈判。原文转述如下：顾长卫下车后带着一脸无奈的苦笑，大声对记者说："这有意思吗？这有劲吗？我没得罪你吧？"记者回答说："您没得罪我，XXX也没得罪我，我们偷拍好几百人了，没有谁得罪过我，其实我还特别喜欢您拍的电影。"

这话回答得太职业了，牛。可接下来，年轻的娱记加了这样一句话："再说这也是我们的工作，我们也是为了养家糊口，我们跟您没法比，您住着大别墅，我们还租房住呢！"这话说得就画蛇添足了，透露的意思是：要不是家里穷，谁会做这下三滥的活儿啊。这意味着你只不过把自己的工作当做一个谋生的手段，你随时准备放弃这个职业。你一边在努力地工作，一边却怀疑这个职业存在的正当性，这样怎么让别人尊重你的职业？要是我，我会加上这样一句话："人民有八卦的爱好和权利，我只不过是在做好自己的工作，为人民服务。"

有人问工地上的泥瓦匠，你们正在做什么？第一个泥瓦匠说我在受苦，第二个说我在盖房子，第三个说我在建造一座伟大的教堂。我相信，第三个泥瓦匠会比前两位有更大的职业成就，也能够赢得更多的尊敬，进而可以有更高的社会地位，这地位来自于自己的努力。

没有一家著名的公司把自己的愿景描述为"让我们一起更好地养家糊口"，他们总是给自己赋予超越商业利益的努力目标，比如制药公司，会把"消除人类的病痛"作为公司的愿景。这样做的好处是让每一个员工对自己的那份哪怕是微不足道的工作产生敬畏之心，因此做得更好。

这不是唱高调，在没有决定放弃之前，你必须尊重自己的职业，有两条理由支持你这样做：或者你现在看不上的职业不知道在什么时候就成了人人羡慕的热门，或者你没有来得及等到那一天，但因为做得足够出色，自然赢得人们的尊敬，有了超越行业的社会地位。

★★★ 听戈说职场：───────────────────○

◎ 职业的社会地位取决于三个指标：收入水平、受尊敬的程度和稳定性。

◎ 年轻时，你的社会地位取决于你在什么地方、干什么职业；中年以后，你的社会地位取决于你在任何地方、任何职业上干得怎么样。

◎ 你自己不尊重眼下这份职业，别人就看不起你。

◎ 职业的社会地位永远在不停地变化。

◎ 你的职业不能成为人人羡慕的热门，但不影响你成为热门。

不怕输是因为输得起，只要是处在事业的上升期，你总有机会扳回输掉的一场，除了天分，一个牛人的成就大体由他的不怕输的劲头可以持续到什么岁数所决定。

输不丢人，怕才丢人

几年前，一部让观众感觉既无聊又无趣的《无极》几乎毁了陈凯歌的名声。连离婚多年的前妻洪晃都跳出来加入到埋汰他的队伍里，想必这电影一定让前妻有了陈凯歌已是江郎才尽的感觉，说不定在电影院时嘴角就露出些笑意，回到家里便在博客上"痛打落水狗"，出一出多年来未出的一口恶气。

虽然一直嘴硬，但作为一个成年人，陈凯歌应当清楚那是一次失败。作为第一个获得戛纳电影节金棕榈奖的中国导演，虽然在民间的声望上还盖不过张艺谋，但那部《霸王别姬》比起张艺谋的电影显然更合文艺青年的口味。在全世界自称热爱电影的男女文青眼里，戛纳电影节的地位一骑绝尘、无可撼动，金棕榈让陈凯歌和大卫·林奇、昆丁·塔伦蒂诺、波兰斯基这些大腕们比肩，而且即使到目前为止，还没有第二个中国人染指金棕榈。够牛的吧！

但就像是所有聪明女孩儿对漂亮女孩儿的醋意、所有的歌唱家对歌星的醋意、所有的知识分子对有钱人的醋意、所有戛纳电影节获奖导演们对奥斯卡获奖导演们的醋意，陈凯歌对张艺谋的成功也不免心生醋意。这种醋意的源头来自于人类作为一种群居动物最古老的劣根性——势利，势利就是对权力的认可和敬意，权力就是个人影响他人数量和轻重程度的能力。不论一个成功者是多么的特立独行，获得更多人认可的念头仍然会在不经意间浮出水面。解决陈凯歌这个问题的根本办法是像张艺谋一样拍出来一部获得巨大商业成功的"大片"，结果，陈凯歌输了，输得一塌糊涂。

三年后，在陈凯歌的电影《梅兰芳》里，名伶十三燕挤着嗓子、提着中气对青年梅兰芳谆谆教导："输不丢人，怕才丢人。"不知道这句台词来自哪里，是梅绍武先生的原著还是严歌苓的剧本，抑或是陈凯歌在片场的灵机一动？这句话成为这部电影中让人记忆最深的流行元素，它的励志特性是如此明显，可以写进每一个中学生的"格言警句"摘抄本，也可以成为每一位职场青年才俊的座右铭。

有了十三燕的这句话，青年梅兰芳敢把别人不曾尝试过的唱腔、步态、身段和剧目演出来，成年梅兰芳敢于把京剧带到大萧条时期的美国。不怕输是因为输得起，只要是处在事业的上升期，你总有机会扳回输掉的一场，除了天分，一个牛人的成就大体由他的不怕输的劲头可以持续到什么岁数所决定。

很多人在年纪轻轻的时候就开始怕输，这种情况特别容易发生在那些天资聪颖，学生时代品学兼优、一帆风顺的孩子身上。有一位中学教师总结她几十年从教的经历，发现最有出息的都是学生时代成绩中上的孩子，她自己的分析是，中上成绩的孩子智力上没有问题，也没有那么良好的自我感觉，对输的后果就没有那么敏感，就不觉得输是一件多么丢人的事，既然对丢人比较迟钝，也就没有什么好怕的。

所以，"输不丢人，怕才丢人"这话实际上对那些很早的时候就扬名立万的人才有意义，"丢不起人"是成功的人走向更大成功的羁绊。对普通人而言，更需要解决的是，不管怎么输都不觉得丢人的问题。

但显然这句话更适于前辈对后辈的激励，而不适合老辈人对自己的激励。十三燕输的结果是把命搭了进去。人到中年，就是进入了怕与不怕的临界点，陈凯歌输过，连前妻都要趁势出来糟践，饱尝世态炎凉，人情冷暖。但他走出来了，因为不怕，有了《梅兰芳》这样的好电影给"座儿们"。

很多人不理解为什么十三燕要和自己的晚辈、学生而且不是同一行当的梅兰芳叫板。这就像刘欢不服李宇春要和她打擂台一样让人不可思议。考虑这个问题要回到那个年代，在民国初年，看戏是全社会唯一具有艺术价值的娱乐方式，京剧是唯一获得上流社会接受的戏剧，越是价值取向单一的时代，社会所能容纳的偶像数量就越少，这种现象在几十年以后又被重新演绎了一次，现在哪一位超级明星可以和文革时期的样板戏主角们的知名度媲美？

艺术形式的单一、价值取向的单一让社会的偶像容量大大降低。打个比方，当我们把视野从社会缩小到一个小公司或者一间办公室的时候，竞争的直接性和残酷性就显现出来了。在一间办公室里谁是销售冠军？谁是业务大拿？谁是技术尖子？是骡子是马，不同年龄、不同性别、不同学历、不同背景的同事们就要拉出来遛遛。徒弟要超越师傅，晚辈要超越前辈的时候，问题就出来了，你就等着唱对台戏吧，而且和舞台上不一样，这对台戏是在暗中进行的。

好的组织机构会依靠制度设计和管理水平摆平这里面的机关，给晚辈一个宽松的成长环境。但大部分的年轻人没有这么幸运，管理者或者缺乏智慧和经验，或者更相信员工的相互竞争永远是完成业绩的最有效方式。在这样的环境下，他们在靠实力让自己脱颖而出的时候，还要有智慧不要激怒"十三燕"唱对台戏。他们能不怕吗？青年梅兰芳做得很好，为了艺术，为了成长，他不得不接受十三燕的挑战，但他做了作为一个晚辈和学生所应该做的一切，他让这种虽然有些残酷但却公平的竞争只在舞台上进行，在取得胜利的同时赢得了对手的理解和尊重。

从这个角度上说，输不丢人，怕也不丢人，缺乏对前辈的尊重、恃才傲物才丢人。

◎ 怕输，特别容易发生在那些天资聪颖、学生时代品学兼优、一帆风顺的孩子身上。

◎ "丢不起人"是成功的人走向更大成功的羁绊。

◎ 对普通人而言，更需要解决的是不管怎么输都不觉得丢人的问题。

◎ 好的组织机构会依靠制度设计和管理水平给晚辈一个宽松的成长环境，但大部分的年轻人没有这么幸运。

◎ 坏的组织氛围是低水平管理的结果。

◎ 年轻人的成长最终是要触动前辈利益的，要尊重，但不能回避挑战。

"偷菜"也会丢饭碗

　　南京儿童医院毛晓珺医生结束了他的医生生涯。因为耽误了患儿徐宝宝的治疗，导致患儿意外死亡，毛医生被吊销医生执业资格。毛医生没有像其他大多数医疗事故的处理结果那样仅仅是挨个处分，很大一部分原因是因为患儿父亲指控，在他央求毛医生来病房查看患儿病情的时候，毛医生却沉溺于网上"偷菜"，迟迟不来病房。

　　其实，患儿徐宝宝的死是耽误在医生责任心上，与他当时到底是"偷菜"还是后来查明的网上下围棋，或是如第一次调查结果所言，是在电脑上写论文并没有直接关系。但因为忙于偷菜而置患者的生命安危于不顾的说法，比笼统地说一个小患者因为病情被耽误死在病房的事实，在传播上有着完全不同的结果。如果没有"偷菜"的存在，这起事件很可能就如同无数的医疗事故一样，只在小范围传播而不大可能成为一个重大的公众事件，也就不会有后来的领导重视和反复调查，那么毛医生也就未必会丢了他的饭碗。

因为"偷菜"而导致患儿死亡的消息被迅速传播，是因为上网的人们都在"偷菜"，"偷菜"的后果和一个儿童的生命联系在了一起，足以引起大家的高度关注，并积极传播。

从去年开始，在开心网上"偷菜"迅速风靡办公室白领一族。作为一个中年人，实在是无法体会为什么年轻人会那么痴迷于"偷菜"，不但占用大量的白天上班时间，有的人还会在半夜起来摸进别人地里抢收一番，然后再回到床上睡觉。让领导们恼火的是，有时来到办公室，电脑屏幕上竟然一片繁荣茂盛的庄稼地，有的公司甚至屏蔽了开心网、校内网等网站。

但你能拦得住"偷菜"，你能拦得住网上聊天吗？能拦得住网上下棋吗？能拦得住网上打游戏吗？拦得住看八卦新闻吗？拦不住，这是老板们的管理难题，咱不在这里讨论。咱讨论上班时间办公室里上网给我们员工带来的是什么。

也就是从七八年前开始，每一个办公桌上都有了一台电脑，又过了没两年，每一台电脑都能上网了。对于在办公室上班的白领们来说，上班就是到办公室上网。每天当我们来到办公室，第一件事就是打开电脑。在浏览器开启的时候，MSN 或 QQ 自动打开，对一些年轻人来说，这意味着一下子就与几十甚至上百人无限近距离地在一起，是否有人过来打招呼，决定于你最近的工作状态以及你的受欢迎程度。然后你开始阅读邮箱里的邮件，其中的大部分是与你无关的垃圾邮件，为了怕漏掉什么，你一一阅读后删除。处理完邮件，当你回到门户网站的首页，那些标题刺目的一条条信息开始冲击你的眼球，在寻找你想要的东西的同时，那些被编辑们处理过的香艳、暴力、八卦、偷窥的标题不断地分散你的注意力，一不小心就会顺着层层链接陷入进去，当你从网络的泥潭中挣扎出来的时候，一上午的时间已经过去。

在这个因为和"偷菜"有关而被迅速传播的事件中，我还看到另外一个足以让我们背后发冷的事实，请看报纸的这段内容："在调查组的要求下，11 日下午，毛晓珺医生将其 3 日值班期间所用的笔记本电脑提供给调查组，由调查组里的电脑专家及调查组成员进行上网记录的检查。11 日晚，电脑专家进行了三个多小时的技术处理，用国家保密部门对上网记录进行检查的 ViewUrl 软件，恢复被删除的上网记录，通过这款软件搜索到的上网记录和 IE 缓存里记录是一致的。——

在 3 日 17：38，打开了 D 盘下的 QQ 游戏可执行文件，激发了一个动画链接。3 日 23：41，有一个 cookie 文件，是 QQ 游戏的认证文件。在 3 日晚上开机后到关机这段时间，只有 20 时 45 分、20 时 48 分、23 时 41 分三个网页浏览记录，分别是阿里妈妈购物网站、广告网站、QQ 游戏网站。"铁证如山啊。

让我们设想一下，如果公司想解雇你，而你又不服时，老板把这样一份检测报告摔在你面前，上面有你每一天的偷菜记录、游戏记录、聊天记录甚至登录其他更不该上的网站的记录，看你还有什么话说？这个调查提醒我们，老板想知道你坐在电脑前到底在干什么易如反掌。

事实上，我们已经处于一个可怕的"被记录时代"：你的每一次上网记录，你的博客以及后面的留言和评论，任何一个人在网上对你的评价、诬陷、造谣都会被无限期保存。你想象一下，多少年过去之后，后人想研究一下陈冠希和张柏芝的艺术生涯，随便键入搜索引擎，看到的永远是他们的器官，这件事情对于他们的后代有多残酷，很难想象。

工作时间无节制地上网既浪费时间，又为自己的安全留下巨大隐患，千万不要让自己成为下一个因为"偷菜"而丢掉饭碗的倒霉鬼。相信老板们现在也都在密谋于暗室之中，到处打听从哪里可以搞到安全部门用来调查上网记录的软件呢，小心着点吧。

上网再加上电话和短信，让我们处在一个"干扰的时代"，我们生活的全部就是干扰别人或被别人干扰。"我们从铁骑时代，进入到工业时代，再进入到信息时代，最后来到干扰时代。"让《世界是平的》作者弗里德曼担忧的是：在干扰的时代，谁能认真地思考和创新呢？当我们的时间被电话、短信、互联网、即时通讯切成无限细碎的一个个小块儿，我们的效率和深度思考的可能性会大大降低。尤其是对于知识工作者，德鲁克在《卓有成效的管理者》书中总结：知识工作者的成就很大程度上取决于你是否能够让自己拥有大块而不是零碎的时间进行思考和总结。

上网只看和工作相关的内容，实在无聊的时候，拿一本书在手边。从我做起，从今天做起。

★★★ 听戈说职场：

◎ 我们已经处于一个可怕的"被记录时代"：你所有网上的痕迹都会无限期保存，也许其中就有炸弹。

◎ 不要用单位的电脑干和工作无关的事。

◎ 当时间被电话、短信、开心、偷菜、微博切成无限细碎的小块儿，工作效率和深度思考都会大大降低。

> 时间的供给，丝毫没有弹性。不管时间的需求有多大，供给绝不可能增加，时间也没有替代品，有效的管理者和他人最大的区别在于，就是他们非常珍惜并会很好地安排自己的时间。

谢谢你的时间

在央视《我们》栏目中，主持人王利芬反复使用的一句客套话给我留下了深刻的印象。在每次现场或者连线的嘉宾说完话后，王利芬总是加上一句"谢谢你的时间"。在这种场面上，一般我们都会说"谢谢"，谢什么呢？谢他给你面子前来捧场？谢他完美的表达给节目添了彩？要谢的内容或许很多，但一句"谢谢你的时间"，谢得最到位，最得体。因为时间是我们这个时代最宝贵、最不可替代的资源。只有时间，我们租不到、借不到也买不到。

别听那些花言巧语，男人是不是爱自己的女人，父母是否关心自己的孩子，子女是否孝敬父母，熟人是否把你当朋友，唯一可衡量的标准就是他是否愿意因此付出时间。通常情况下，有些人试图用钱来衡量，但每个人所拥有或者可支配的钱差别太大，大多数情况下你也无法判定他愿意给你付出的钱占他实际拥有的百分比。但所有的人都拥有相同的时间——一天二十四小时，他对时间的分配，决定了他对人生各种元素的价值判断。

初入职场的年青人总是在寻找职场成功的秘籍。有的相信靠能力，有的人更相信靠良好的人际关系，还有的相信关键是怎样取得老板的信任。这些都重要，但不管你相信哪一条，所有这一切都建立在时间的投入上，其实，除了极少数天资聪颖和先天愚钝的人，对大部分人来说，对于工作时间的投入和职场的成就基本成正相关的关系。能力需要时间来学习，人际关系需要时间来营造，获得老板的赏识需要时间来证明。如果你的老板真要谢谢你的话，他唯一所谢的就是你对工作的时间付出。

我曾经有一个习惯，当我对一个编导的方案不满意的时候，我不会问："你用心了吗？"而是会问："你用了几个小时？"每到这种时候，编导都会不好意思地笑："抱歉，昨天忙，还没来得及好好弄，你先大概看看方向？"没人会好意思当着面对如此具体的问题撒谎。而且我知道，接下来肯定会有几个小时的踏实工作，而结果肯定差不到哪里。

之所以可以进行以上的判断，是因为在通常情况下，在一个公司的某个岗位上，尽管每个人的性格、品德千差万别，但从综合能力上看是差不多的。任何人的聪明程度本来就没那么大，在差不多的岗位上就更不会大到哪里。大部分员工的工作效果和他们的时间付出成正比。尤其是共事一段时间以后，谁工作多少个小时，大概可以拿出一个什么样的东西是可以判断的。很多年轻的员工不明白这一点，总相信自己的聪明才智而不相信时间的付出，"聪明但不踏实"的印象就是这样留下的。

在二十年的职业生涯中，我还没有看到一个不加班的人能够有超出常人的成就。道理很简单，加班让你比别人付出更多的时间在工作上。当然，下班不回家，在办公室打电子游戏、或者网上聊天等着交通高峰过去同时混加班费的不在此列。加班不一定在办公室，有的人会利用一切可以利用的时间在脑子里加班。时常加班，别人工作了三年，你实际上已经工作了四年或者五年，在同龄人里，你就有了被委以重任的机会。

加班已经成了现代人挥之不去的梦魇。很多人梦想有更悠闲的生活，幻想能过上"农夫、山泉、有点田"的逍遥日子。在我看来，唯一可以实现的解决方案就是去做一个体力劳动者，然后耐心等待国家实现共同富裕那一天。否则不管是做一名员工还是自己做老板，要想一份好的收入和说得过去的社会地位，你就不可能摆脱在工作上超额付出时间的命运，即使你生活在一个已经发达了的国家也是这样，更别说在咱这发展中的国家。为什么会这样？这是因为今天的经济发展是以不断地创新和变革为前提的。创新、变革和竞争形成了对大家时间的过度要求。如果一个人只能提供较短的工作时间，那么就只能应付他所熟悉的工作——只有体力劳动者才会有这样的好运气。而对非体力劳动者而言，相互的竞争大体上是付出时间多少的竞争。所以梦想照进现实的后果依然是，我们必须靠更多的时间才能在职场站稳脚跟。

按照管理大师德鲁克的理论，除非你是一个体力劳动者，在现代社会中所有靠知识工作的人都是管理者。通常，我们大部分人并没有自己的下属，但这并不意味着我们不再进行管理工作。我们每个人都有一个最重要的下属——自己的时间。大部分情况下，管理自己的时间就是管理自己的职业生涯。

肯为工作付出更多的时间是一个员工成长的基础，下一步就是如何让自己付出的时间分配得更有价值。德鲁克在《卓有成效的管理者》一书中，专门用一章来阐述管理好自己时间的重要性以及如何掌握自己的时间。

德鲁克认为，时间的供给，丝毫没有弹性。不管时间的需求有多大，供给绝不可能增加，时间也没有替代品，有效的管理者和他人最大的区别就在于，他们非常珍惜并会很好地安排自己的时间。

对于时间管理，德鲁克给出的药方是：要随时记录自己的时间使用；要尽量多地腾出整块而不是零星的时间来应付最重要的工作；要尽量消除浪费时间的活动。

对工作投入更多的时间，同时管理好自己的时间分配，这是职场之路必须的选择。

★★★ 听戈说职场：

◎ 男人是不是爱自己的女人，父母是否关心自己的孩子，子女是否孝敬父母，熟人是否把你当朋友，员工是否热爱自己的工作，唯一可衡量的标准就是他是否愿意因此付出时间。

◎ 迄今为止，我还没有看到一个不加班的人能够有超出常人的成就。

◎ 每个知识工作者都是管理者，大家至少有一个下属——自己的时间。

◎ 管理自己的时间就是管理自己的职业生涯。

◎ 尽量多地腾出整块的时间做最重要的事。

所谓责任感，其实首先是对自己负责。亚当·斯密告诉我们，你在什么职位上，就要努力地去做和这个职位相对应的事情，否则就是没有责任感，就会被人瞧不起。

责任也是利益

九年级三班正在上思想品德课，这一课的内容是"责任"。老师用这样的一个事例来阐明什么是责任：一个人并不喜欢他的工作，但他还是认真地履行他的职责，这说明他有责任感。一个戴眼镜的女生站了起来，向老师发起了挑战："他既然不喜欢自己的职业，为什么不换一个？"轰的一声，全班的同学都笑了。"他坚持做自己并不喜欢的工作并不能说明他就有责任感，他也很可能是为了以后得到更高的职位，挣更多的钱，得到更多的好处。"小女生继续按自己的逻辑发表她的看法。老师没有正面应对这个挑战，把它变成一场辩论："你说的也有一定道理。"

这是我女儿转述的白天在她们班课堂上出现的一幕，那个小女生是她的好朋友，她为自己的朋友自豪。而我，在为勇敢地站出来反驳老师的同学不是自己的女儿有一点遗憾的同时，由衷地赞叹："她说的是真话，而且是经过独立思考的真话。尽管她理解问题的方式还带着这个年龄的稚嫩。"

什么是责任感？放在职业上考量，就是为了某种目标，认真地完成自己的工作，而不管自己是否喜欢。小女生和教材的冲突在于，教材把"某种目标"定义为社会和他人的利益，对工作的责任感来自于对社会无私奉献的崇高道德意识。而小女生同样认同这个定义，但她显然不同意把做好一份不喜欢的工作赋予如此崇高的道德价值，这不符合她对生活的观察和理解。

我强烈地同意小女生的意见，职业的责任感和道德水准无关。我们随便就可以指认一些为朋友两肋插刀、对别人无私帮助、对父母极尽孝心的人对自己的工作却总是浮皮潦草、得过且过，毫无责任感可言。与之相对，也有不少自私冷漠、卑鄙龌龊、为人不齿的小人对自己的工作恪尽职守、兢兢业业。

所谓责任感，其实首先是对自己负责。亚当·斯密在《道德情操论》中对于职业的责任感是这样描述的："一个人如果不认真地投入到对自己的个人利益有重大影响的活动，就会让人觉得卑鄙下作。一个君主如果不努力征服或者建设一片领土，也会被人瞧不起。一个绅士只有以正义的手段去获得财富或者争取一个要职时，才会得到我们的尊重。一个议员如果对自己的竞选有一搭无一搭，就会失去朋友的支持和选票。一个商人，如果不努力去争取一个订单或者应得的利润，也会被邻居看做是怯懦之辈。富有事业心和无所事事之间的差别，就在这种勇气上。"亚当·斯密告诉我们，你在什么职位上，就要努力地去做和这个职位相对应的事情，否则就是没有责任感，就会被人瞧不起。

在斯密的眼中，作为一个拥有工作能力的人，做好自己的那份工作，更能赢得人们内心的真正尊重。在西方，这是一个全民普遍认同的价值观，但在中国，人们内心是这么认为的，但在公开场合，一定要为职业的责任感寻找一个更高的道德制高点。我们会把认真工作并且作出突出贡献的人和那些扶危济困、舍己救人或者赡养别人的父母的好人、善人一起评为道德楷模。当他们站到一起领奖的时候，我们总会对表彰的标准产生些许的迷惑。一个有着重大发明的科学家和一个跳水救人的见义勇为者是不能用同样的价值标准衡量的。

我特别受不了在单位的先进工作者表彰大会上，一定要把无私奉献、忍辱负重这些词汇，把孩子病重不去照看、父母去世不在身边这些事迹放在对一个销售状元或者岗位能手的身上去着力渲染，好像不这样就不配获得先进的表彰。

在中国的传统文化中，缺乏职业责任感的文化，在对学生的教化中总是试图通过对责任感的道德化来使受教育者认同责任感并形成其行为准则。这样做的结果是，学生受到的教育总是和他们体会到的现实相矛盾。

和责任感相对的那个词不是道德，而是情绪。适度地克制自己的情绪就是责任感。我们会因为自己的智力或者经验不能胜任而不喜欢自己的工作，也可能因为眼下的这份工作不能带给自己期望的收入和地位而不喜欢，也可能因为这份工作不能带给你成长的感觉而不喜欢，还会因为讨厌自己的上司和同事而不喜欢自己的工作。面对其中的一种或几种情况，情绪就会支配我们的行为。在彻底放弃这份工作的决定没有做出之前，大部分人会对自己的工作采取应付的态度，在那些得过且过的日子之后，别人对你职业生涯最重要的评价——责任感，就大大打了折扣。

其实，大部分的情况下，碰到一份自己天然就喜欢并且一直能喜欢下去的工作是一个小概率事件。对工作的喜欢是经营出来的，而责任感恰恰是你可以用心来经营这份工作的前提。没有全心的投入过程，所谓的喜欢是虚无缥缈的，很容易因为外界环境或者内心情绪的波动而移情别恋。没有责任感，就找不到自己的真喜欢。

眼前或者今后可期待的利益，可以看做是你对工作责任感的补偿，这没什么不好意思的。在工作上的责任感永远不会和你所期望的美好未来相矛盾。态度决定一切，全心地投入到你自认为不喜欢的工作会给你带来巨大的利益，而这种利益在绝大多数情况下符合公众利益。

其实，如果你最终真的不能喜欢你的工作，更有责任感的做法是让出这个职位给更喜欢这份工作的人。然后认真地交接工作，履行你这一段工作的最后责任。

◎ 职业的责任感和道德水准无关。

◎ 所谓责任感，首先是对自己负责。

◎ 对工作不努力就是没有责任感，就会被人瞧不起。

◎ 有了辞职的心思以后不要在工作上采取应付的态度，因为那段时间将成为你职业生涯的污点，你在责任感上会被减分。

◎ 对工作的喜欢是经营出来的，而责任感恰恰是你可以用心来经营这份工作的前提。

一些道德困境时常会被放在这些职业的从业者面前，比如说一个医生有没有权利放弃对一个恶毒罪犯的治疗？比如说一个教师有没有权利在解决班级问题的时候鼓励学生告密？比如说一个律师应不应该主动提供对自己的委托人不利的举证？

扎伊迪的鞋和梅兰芳的纸枷锁

伊拉克记者扎伊迪一扔成名，成为全世界知名度最高的记者。

从录像上看，扎伊迪的鞋扔得十分专业，先后扔出的两只皮鞋直飞布什的头部。布什虽然已经年届七十，依然身手矫健，非常镇静地躲过两只鞋子，还可以坚持开完新闻发布会，并且拿刚刚发生过的一幕开玩笑。

布什对台下记者们调侃道："如果你想知道详情，他的鞋是 10 号。"稍作镇定后，他说："我不知道这个人是出于什么动机，也许他想出名，他成功了，但我一点都没有被他威胁到！"最遗憾的是扎伊迪扔出的两只厚实的皮鞋不是产自中国，而是来自土耳其一家工厂，据说老板因此发了，订单多得做不过来。看样子，中国鞋并没有占领全世界，市场的空间还是有的。

用鞋子表达愤怒，上一次最著名的场景发生在上世纪五十年代的联合国大会场上，苏联领导人赫鲁晓夫脱下了自己的一只鞋子猛烈地敲打着桌面，以表达对美帝国主义代表发言的强烈反对。这一举动成为流行多年的一个笑柄，让苏联驻联合国的代表在联合国总部长时间抬不起头来。摊上一个出门总是给自己丢人的老板，对于员工的幸福感和成就感也不能不说是一种打击。

这一次，在我看来，布什同样没有被羞辱到。扎伊迪只不过给了布什一个表现其反应速度和心理素质的机会，他的表现与他的职业——美国总统，很般配。

一个没有被放大的事实是，现场一些伊拉克记者站起身来，向布什表示道歉。显然，他们想表达的是，扎伊迪的行为并不代表全体伊拉克记者，扎伊迪在新闻发布会现场做出的举动不符合一个记者的职业道德，给记者的职业抹了黑。

有关记者的职业道德或者在进一步放大到新闻伦理层面的讨论从来没有平息过。讨论的核心是：在记者工作的时候，他是应该纯粹地作为一个严格意义上的"记者"履行自己的职责，还是可以带着自己的政治主张、价值观乃至人之常情直接参与到你所采访的事件中。当然，如果扎伊迪扔出的不是两只鞋子，而是两枚手榴弹，那就完全是另外一个问题了，那个时候他的职业是一名战士（或者叫恐怖分子）。其行为的正当性就完全是另外一个问题了，超出了本文所讨论的范畴。

认可后者的人显然会把扎伊迪当做英雄，他们会认为扎伊迪有权利用两只鞋子表达了一部分伊拉克人民对于美国的不满，既然记者是社会舆论的代言人，他为什么不可以用自己的行为表达民意呢？他的行为比起一千条报道更有力度。

但作为同行，我和扎伊迪的伊拉克同行持有同样的观点，扎伊迪行为的正当性是值得商榷的。其实不单单是记者这个职业，还有不少职业比如医生、教师、演员、律师、法官、检察官、公务员等职业都存在着职业伦理的问题，这些职业的特殊性在于它的公共性，也就是说这些职业占有一部分的公共权力，他们的行为影响着社会舆论或者社会秩序。

一些道德困境时常会被放在这些职业的从业者面前，比如说一个医生有没有权利放弃对一个恶毒罪犯的治疗？比如说一个教师有没有权利在解决班级问题的时候鼓励学生告密？比如说一个律师应不应该主动提供对自己的委托人不利的举证？比如说一个法官应不应该因为百姓的舆论重判一个犯罪嫌疑人？

再发散一下思路，在地震袭来的时候范美忠老师有没有权利放下同学第一个跑出教室？陈冠希同学有没有权利把他和女明星的床笫之欢拍下来，要不要追究他丢失电脑的道德责任？当我们把这些问题列到这里的时候，每个人都会做出自己的判断，给出自己的态度，但对当事人来说，因为每一个具体的事件都有复杂的背景，不同的人往往会做出不同的行为。

电影《梅兰芳》里，一个"纸枷锁"的概念贯穿全篇。这个永远套在艺人脖子上的纸枷锁，一层意思是说在这个圈子里混，不容易，这个纸枷锁是社会套给梅兰芳的。另外的一层意思就是职业的道德与伦理，这个纸枷锁是梅兰芳自己套给自己的。

"深明大义"的福芝芳只用一句话就摧毁了孟小冬：梅兰芳不是你的，不是我的，梅兰芳是"座儿"的。这句话比"谁毁了梅兰芳心里的那份孤独，谁就毁了梅兰芳"更有力度。它把演员这个职业的职业道德核心点了出来——你出了名，成了角儿，有人喜欢，有人捧场，你就不再是仅仅属于你自己的了。所以电影里的梅兰芳到最后也没有和孟小冬看成那场电影。福芝芳、孟小冬和梅兰芳自己最后都认可了那具纸枷锁的合理性。因为套着这副纸枷锁，才有了后来蓄须明志，不给日本人演出的气节，也成全了梅兰芳的一世英名。

从这个角度上说，陈冠希拍照片虽然说是个人的自由，但让照片流传出来就要承担代价，尽管他不是故意的。他忘了作为一个演员应该给自己戴上一副纸枷锁，否则就是自毁前程。只要你的职业具有公共性，你行为的合理性就只能由公众来评判。

不过当下社会的好处是职业选择的多样性，和梅兰芳的时代不可同日而语，你完全可以通过因为违反一个职业的职业道德获得知名度，并且成功地进行一次职业转换。比如，我已经听说，已经有机构聘请范美忠前老师做"如何考上北大"的讲座。扎伊迪也用不着再做苦哈哈的记者，可以做鞋厂的代言人，还可以转行当作家写一本书——《我向布什扔鞋子》。至于陈冠希，不做歌手以后，可以做壮阳药的代言人，或者A片的男主角。

一切皆有可能——世界就是这么辩证。

★★★ 听戈说职场：

◎ 一些职业的特殊性在于它的公共性，也就是说这些职业占有一部分的公共权力，他们的行为影响着社会舆论或者社会秩序。

◎ 有公共性的职业，职业行为就不完全是个人行为。

◎ 公共性越强的职业，社会对其道德约束就会越强。

◎ 想自由，就不要从事公共性强的职业。

那么我们还可以做什么呢？就是尽量地保持身上的野性，尽量延缓生存能力退化的时间，甚至有时候要有意识地给自己寻找一种野生状态。

寻找野生状态

在内蒙古锡林郭勒的一个草原度假村，我看到两匹草原狼——当然是养在笼子里。这里距离《狼图腾》中所描写的乌珠穆沁草原并不远，同属于典型的草地草原，也就是说，这里的两条狼和《狼图腾》描写的狼同宗同族、同样的凶残、同样的有战斗力。

看管它们的一个蒙古族老头给我讲了这两头狼的故事，他的汉语说得很好：这两头狼是两年前被捉来的，关在笼子里。一个小伙子多事，把一条度假村看家护院的狗也关进了笼子，想看看笑话。因为有主人撑腰，果然，体型比狼还大的看门

234

狗进了笼子显得很是威武，对两只狼拳脚相加，又咬又啃。狼显得窝囊，只是躲躲闪闪的，不敢有反抗。

看客们散去，把狗忘在了笼子里。

喝酒、吃肉、唱歌，热闹的篝火晚会后，草原满天星斗，四周渐渐沉寂。静悄悄的草原之夜过去，第二天，当小伙子再去看那只笼子的时候，想起了他的狗，但笼子里只有两只狼！笼子是完整的，锁完好地挂在那里，除了满地的血迹看不到任何狗的痕迹——可怜的狗，成为两只草原狼的腹中餐，连一块骨头都没剩。这个故事让我的脊背发凉，不知道当人们散去的时候，狗是否感到了恐惧，它耍够了威风，却悄无声息地被吃掉了。

这就是家养和野生的区别。

在北京的宠物乐园，我曾看到过体型硕大目光凶悍的大狗，但它们连小小的跳跃游戏都无法完成，着实让它们的主人们没面子，它们只会去挑衅离自己不远的同类，扑一下就赶紧回到主人身边，怎一个贱字了得！

草原上的故事还有一个必须讲述的结尾，还是那两只狼。又过了一年，一次，临时替班的饲养员喂完食后竟然忘了锁门，早晨起来，他发现笼子的门是开着的，让他欣喜的是，两只狼竟然乖乖地待在那里。显然它们曾经无意中撞开过那个可以给它们带来自由的门，但它们没有走，选择了留下。是因为舍不得那顿每天按时送来的早餐？或者当它们徘徊在铁笼门口的时候，面对黑漆漆的夜，它们对自己在草原的生存能力已经没有信心？

从野生到家养的褪变，只用了一年时间。

被豢养着，真好啊。有定时定量的吃喝，有可以遮风挡雨的笼子住，有主人的宠爱，还可以向看客展露一下威武的身姿。但可悲的是，它们面对的不仅仅是自由的丧失，还有野性和能力的退化。

但喜欢被豢养却是我们的本能。求职的时候，大部分人会尽量选择声望高、体量大、福利待遇好的机构。和动物不同的是，人类在大多数情况下会按照经济学的原理来权衡利弊，这被称作理性，在现代社会，我们在理性的指导下生存。所以我们要找到让我们足够安全的雇主，这样，进入某种形式的牢笼就成了大多数人不可避免的选择。

那么我们还可以做什么呢？就是尽量地保持身上的野性，尽量延缓生存能力退化的时间，甚至有时候要有意识地给自己寻找一种野生状态。

在找到一份令人艳羡的好工作以后，我们会突然发现，原来自己很牛啊，我们会把自己服务机构的地位和影响力当做自己的能力，会把自己职位赋予的权力当做自己的能力。在一家行业里数一数二的公司工作，轻易地签下一个大单不是你的能力；在一个著名的新闻机构里，采访到一位要害人物不是你的能力。在和外界交往的过程中，你受到的热烈款待，对你的肉麻恭维其实都来自于你服务的机构和你的职位。

在办公室，经常会碰到一个形迹可疑的人摸了进来，向大家推销什么牌子的蚕丝被或者哪里产的茶叶，每到这个时候，我都在想，自己能不能像他们做得那么从容而得体。

你可以认真地回忆一下，在你进入一家著名机构之后的岁月里，无论是在工作还是生活中，当对方不知道你的真正身份的时候，你办成过几件事？或者你是不是在和所有陌生人打交道的时候，头几句话就一定要把自己所在的机构和自己的职务搬出来，否则你就不可能办成任何事情？

一些老板在面对下属的懈怠忍无可忍的时候会口不择言：我到门口喊一声，想来这儿工作的人马上能排成一队，别以为你能在这里工作就觉得自己有什么了不起。话糙，理不糙，这是真的。

很多人是因为足够的优秀而不是足够的能力被招到著名机构的麾下。所谓优秀是指你受过的良好教育、你的综合素质、你的智商和情商甚至还有你的相貌或者家庭背景。而要把优秀变成能力还要加上你的不怕挫折、不怕摔打的性格、你强烈的成就动机、你对人情世故的把握和你对眼前这份工作的热爱。很多在著名机构工作的人始终没有机会和愿望完成从足够优秀到足够有能力的转化，他的职业生涯基本就是一个野性和能力退化的过程。

一位著名外企公司的人力资源总监曾经和我透露过这样一个小秘密：每年，他都要偷偷地去一些民营企业应聘，看看还有没有人要自己，可以把自己卖一个什么价钱。当老板们和自己有过一次长谈，许以更高的职位和薪水力邀他加盟之后，他便哼着小曲凯旋而归——他知道，自己依然保持着野生的状态，是可以卖得上价钱的。如果有兴趣，你也可以试一试，通常那些民营公司的人力资源总监和老板个个火眼金睛，他们对你的评估比你自己对自己的判断准确得多。

如果，你供职的机构，又一次洗牌到来的时候；如果，你听到了裁员的风声在员工中悄悄传播的时候，你依然泰然自若，恭喜你，你依然保持着野生的状态。一位经济学家说过这么一句话，我读到的时候马上记在了小本子上："真正的自信，不是面对困难有着必胜的勇气，而是在任何时候都从容地不惧失去。"

★★★ 听戈说职场：

◎ 喜欢被豢养是我们的本能。

◎ 求职的时候，选择声望高、待遇好的机构，其实是进了笼子。

◎ 我们会错误地把自己服务机构的地位和影响力当做自己的能力，
  会把职位赋予的权力当做自己的能力。

◎ 足够优秀与足够有能力是两个概念，中间需要一个转化过程。

◎ 大部分人的职业生涯基本上是一个野性和能力退化的过程。

◎ 可以经常到民营企业试一试应聘，看看自己价格几何。

◎ 真正的自信，不是面对困难有着必胜的勇气，而是在任何时候都
  从容地不惧失去。

战
斗
在
办
公
室

公司也好，机关也好，学校医院也好，任何组织形式之所以存在，其目的就是由多人合作完成某种任务。在这个过程中永远存在着任务的分解、相互的合作和利益的分配问题。在这三个环节中，每个人和同事和领导和下属之间都会有无数的交叉点，有这些交叉点的存在，职场的人际关系就不可能简单。

如果你认为你的假货足以乱真而故意持暧昧态度的话，你就会成为别人的笑柄。老板和同事们会把你对一只包的态度和你的工作方式联系起来，并最终上升到对你人品的评价。所以到底是买真的 LV 还是假的 LV 不重要，重要的是你对真假的态度。态度决定一切。

LV的职场

背什么样的包会对应聘产生什么样的影响呢？一位企业人力资源总监在接受记者采访的时候这样说："现在招聘现场到处是背 LV 包包应聘的女生。如果背的是真的，那我这小庙岂能容得下人家？如果背的是假的，那这孩子也够虚荣的，不是我们的选择目标。"看看，还没等你递上精心制作的简历，就已经被打入冷宫，彻底失去了机会，一只包在无意间也许又一次改写了你的人生履历。

以前我一直不知道一只名牌包对女孩子的重要性，直到一次出差中的奇遇。故事是这样的：出差去新加坡，同行合作方的一位来自上海的女孩在飞机上就向同伴提出要求，到了新加坡得提醒她不要再买包，她已经答应老公一年内不再买包，买包的支出已经占到了家庭总支出的三分之一，再这么下去会影响家庭的安定团结。在新加坡我们一起逛过商场，该女孩虽然一直在卖包的柜台前逡巡，但在同伴的提醒和自己的忍耐下终究没有下手。在回国去机场的路上，不料该小姐突然要求停车，然后撩起裙子迈开长腿向旁边的商场冲去，不一会儿，双手捧着一只 LV 飞奔而回，面带喜色，娇喘微微。功亏一篑啊。

当我向女同事讲述这段传奇经历的时候，大家竟对我的惊奇不以为然："去新加坡、去香港、去巴黎不带回一个 LV，不是白去了么？一只真的、便宜一半的 LV 带给一个女孩的喜悦你们男人是无法体会的。"从此我似乎明白了为什么满大街都是真真假假的 LV，明白了为什么时尚杂志会写"要 LG 还是要 LV？"的标题。

之后，在看到一些职场秘籍之类的文章写到面试、上班的时候如何穿戴竟没有写到挎什么样的包，我就会暗笑作者的不专业：当一个女孩迈进一间办公室的时候，男同事首先看到的一定是一张脸，而女同事看到的肯定是一只包。你的品位、做派、经济实力都已经明明白白地写在了那只包上。

但是这只包对你的职业生涯有影响吗？其实，除非你做的是需要每天面对客户的工作，在面对朝夕相处的同事的时候，无论是包、首饰、衣服或是手表等等人体包装物都没有任何意义。面对形形色色不同的领导、不同的同事，寒酸、奢华、整洁、邋遢、讲究、随意都可能是他们高看你一眼或者鄙视你的原因。那就是一个纯私人的问题，和你谈恋爱关联度较高，和职场生存根本没有相关性。

无论是老板还是同事，在对你的工作水平和工作态度有了正面的印象之后，你衣着朴素就映衬的是你的脚踏实地，你一身的名牌昭示的是你的不懈追求，你用真的LV展示的是你的坚持原则，你用假的LV反映的是你的注重实际。

不常用奢侈品的人往往会低估群众对奢侈品真假的鉴别能力。有些经验丰富的人只要一看、一摸、一拎，就能说出这只包是真的还是A货或者超A，更别说几百块钱的纯假货，马上就大白天下了。所以，如果你的经济实力不足以支持你买一只真正的LV，或者你觉得花一个或者两个月的薪水买一只包是一个犯傻的行为而你又的确喜欢，那么你一定要在第一时间告诉周围的人：这就是一个十足的假货。

使用假货的代价是你必须告诉大家这是一个假货的时间成本。如果你认为你的假货足以乱真而故意持暧昧态度的话，你就会成为别人的笑柄。老板和同事们会把你对一只包的态度和你的工作方式联系起来，并最终上升到对你人品的评价。

所以到底是买真的 LV 还是假的 LV 不重要，重要的是你对真假的态度。态度决定一切。

同事之间相处，最大的忌讳就是"装丫"。没有人喜欢自己是一个被别人蒙骗的傻帽。在同事中刻意制造并维持关于自身哪怕是任何细小的虚假信息，都是一件极为费劲的活计。

通常，当一只新的 LV 进入办公室的时候，一场针对这只包来历的调查和猜测就在明暗两条战线上开始了。常见的是这样的回答："老爸从国外带回来的"（说明家庭条件优越），"男朋友送的生日礼物"（说明男朋友非常在乎自己），"嗨，昨天陪朋友逛街顺手买了一个"（说明自己出手大方），轻描淡写地说"一朋友送的"（留下极大的想象空间）。这些看似不经意的回答会在别人的大脑里迅速和你以前留下的个人信息相对照，并被鉴别真伪，如果不够相符就会埋下疑惑。如果这真是一只来自"动批"或者"万通"的货色，又被看似巧妙地赋予如此重大的信息发布功能，除非有一个傻大姐在场，通常这种微妙的小谎不会有人去故意戳穿，但"那个人怎么怎么样"的评价就在这些细节的判定中渐渐清晰并立体起来。

或者为了取得心理上的优势，或者为了掩饰自卑，或者为了获得某个难得的机会，通过一些看似不刻意的举动和闲谈透露自己想要传递的信息，是大部分人的一种心理需求，常常被潜意识支配，在无意中发生，它和说谎之间有一条若隐若现的界线。当自己完全忽略了它们之间的界线，变成一种习惯，对你工作的负面影响就会逐渐出现，甚至可能变成你不受欢迎的原因。

职场是这样一个地方：你的业绩总是被高挂在墙上，你的"人品"却总是装在每个人心里。人力资源部门的绩效考核里从来没这一项，但同事们却一定要给你打个分。而"不实在"，永远是"人品"里最差的一项评语。

"人品"是一个特别奇妙的中国词，"人品好"和加薪晋级关系不大，但"人品差"和"被离职"的关系却比较直接。LV 的真假关乎经济实力，对 LV 真假的态度关乎"人品"。

★★★ 听戈说职场：

◎ 当一个女孩迈进一间办公室的时候，男同事首先看到的一定是一张脸，而女同事看到的肯定是一只包。

◎ 如果拎着假LV进办公室，一定要在第一时间告诉周围的人：这就是一个假货。

◎ 在同事中刻意制造并维持关于自身背景哪怕是任何细小的虚假信息，成本都很高。

◎ 炫耀和说谎之间有一条若隐若现的界线。当你完全忽略了这条界线，对你工作的负面影响就会逐渐出现，甚至可能变成你不受欢迎的原因。

◎ 职场是这样一个地方：你的业绩总是被高挂在墙上，你的"人品"却总是装在每个人心里。

你所面临的复杂性和你的工作能力成正比，和你岗位的重要性成正比，和你的工作积极性成正比，和你的健康状况成正比。

有人际关系简单的地方吗？

"你认为世界上有人际关系简单的公司吗？"在一期《绝对挑战》栏目的录制现场，职业顾问徐小平这样反问一位选手。这位选手在回答问题的时候声称自己只喜欢人事关系简单的公司，这是他选择雇主的重要条件。

这是大多数人的梦想，但遥不可及。如果你真的觉得一个机构里人际关系特别的简单，只可能是下面两种情况中的一种：一、你的职位不够重要；二、你过于迟钝。

公司也好，机关也好，学校医院也好，任何组织形式之所以存在，其目的就是由多人合作完成某种任务。在这个过程中，永远存在着任务的分解、相互的合作和利益的分配问题。在这三个环节中，每个人和同事和领导和下属之间都会有无数的交叉点，有这些交叉点的存在，职场的人际关系就不可能简单。

即使在某一个机构中的人全部是助人为乐、见义勇为、诚实守信、敬业奉献、孝老爱亲等各种道德模范，也不可能打造出一个完全没有矛盾的乌托邦。区别仅仅在于，由一群道德高尚的人组成的机构，所有的矛盾都是在不逾越道德底线的框架下解决而不是没有矛盾。

其实，决定职场人际关系复杂程度高低的，恰恰不是道德水准和文化素质，而是企业的管理水平。在人们的印象中，外企的人际关系之所以相对简单，一方面是因为西方人表达观点比较直接，矛盾会更多地摆在桌面上；更重要的原因则在于其管理水平比较高，形成了比较规范的工作流程和企业文化，在遇到矛盾的时候有章可循，可以及时解决。

职场中有些矛盾是可以通过制度的完善、文化的打造解决的，还有一些是根本无法解决的，那就是——机会。为什么企业总是有不断做大的冲动？为什么机构总想不断地膨胀？一个主要的原因是，做大、膨胀能够缓解机会不足带来的管理压力。

寺庙是一个清静的地方吧？大家或是为了逃避尘世的纷扰而来，或是为了求得来世的超度而来，或是为了追求人生的境界而来。但同样会产生三个和尚没水吃的问题，这么简单的工作却造就了这么复杂的人际关系。

我认识一位职位比较高的僧人，在一个寺庙做住持。当我羡慕地提起他的工作时，没想到他竟向我吐起苦水来。比起尘世，庙里绝不是我们想象的一片净土，也有自己的斗争哲学。没有了女人、工作、娱乐这些分散凡人精力的东西，获得权力成为部分和尚们在尘世间唯一的成就通道——真正的千军万马走独木桥。更加让人郁闷的是，寺院里的干部终身制始终不能打破，干部只能上不能下，偏偏越是职位高的越是长寿，下面的要想上来只有两个途径：要么去别的寺院，要么让自己上面的"出事"——或因贪污庙产、或因作风腐化的丑事被揭露。寒来暑往，这样的故事一直在上演着。在一些寺庙，权力斗争并不比凡间来得温柔。

除了升迁的机会、加薪的机会、被奖励的机会、被表扬的机会、获得经验的机会、获得培训的机会、获得露脸甚至不被裁减的机会，所有的机会在组织机构内部的某个阶段都是稀缺资源。机会，是每位员工和同级同事之间所有矛盾的最终导火索，也是让职场显得过于复杂的根本原因。整个社会氛围的功利化，必然会传到每一间办公室，"功利化"也必定是职场人际关系的主旋律。

世界上最复杂的职场在哪里？就在你初来乍到的新团队

里。因为严重的信息不对称，你将面临最复杂的局面。

最先出现的情况是，你对谁构成了威胁？不管你是初入职场的"雏儿"，还是身经百战的空降兵，只要你新进入一间办公室，大多数的情况下，你的到来会让至少一个人感到一种潜在的威胁。因为你的到来，在今后的日子里，你将和大家分享各种可能的机会。那个有可能被你分走最多机会的人，就会成为你复杂感的直接来源。即使你是被派来领导这个团队的，也一定会有人认为是你的到来抢去了有可能落在他身上的晋升机会，从而从一开始就对你充满敌意。

你所面临的复杂性和你的工作能力成正比，和你岗位的重要性成正比，和你的工作积极性成正比，和你的健康状况成正比。

如果你仅仅以一个普通角色进入新职场，因为潜在的威胁存在，自然会遭到可以被称为"冷暴力"的待遇。所谓冷暴力是这样一种无所不在却又看不见摸不着的"场"：你被客气地晾在一边，工作无从下手却难以寻求到真正的帮助，甚至还会有心怀敌意的人故意指派你做那些虽然简单但如果不熟悉流程却容易办砸的工作，让你露怯，让你看上去像一只真正的"菜鸟"。"冷暴力"是老人们揣摩你斤两的实验，是打探你虚实的过招。

接下来会有人有兴趣打探你是"谁的人"。也就是让你获得这个岗位的最关键人物是谁？是老板、还是老板的老板？或者是人力资源部门公事公办派过来的？你是"谁的人"决定了今后将在多大程度上挤占别人的机会。那个传说中的"谁"，可以给你带来机会，却不一定能给你带来友善的氛围。职场的现实是：每个人都想让自己变得现实一些，但并不是每个人都可以现实得恰如其分。即使你真是"谁"的人，在获得一部人巴结的同时，也一定会遇到等量的冷眼。

如何面对如此复杂的职场？不少职业专家给出各种鸡零狗碎的建议，无非是见什么人说什么话云云。在我看来，最重要的就一条——通过实际行动表现出来：你不会争抢大家已有的任何机会，在有任何好事时往后靠。你必须传递出这样的信号：至少在短时期内，你不会对任何人的机会构成威胁，不管你有多大的能力，你是"谁的人"，你都将以此为大家带来新的机会，而不是去平分或争夺已有的机会。这是为自己争取一个良好生存环境的法宝。

当大家共事一段时间以后，工作进入正轨、彼此之间相互熟悉了，职场的复杂就从看不见变成看得见，看得见的复杂依然复杂，但带来的心理压力就小得多了。

★★★ 听戈说职场：

◎ 如果你真的觉得你们单位人际关系特别简单，只可能是下面两种情况中的一种：一、你的职位不够重要；二、你过于迟钝。

◎ 任何组织形式内永远存在着任务的分解、相互的合作和利益的分配问题。因此，职场的人际关系不可能简单。

◎ 决定职场人际关系复杂程度高低的不是员工的道德水准、文化素养，而是企业的管理水平。

◎ 你所面临的职场复杂性和你的工作能力成正比，和你岗位的重要性成正比，和你的工作积极性成正比，和你的健康状况成正比。

◎ 复杂职场简单面对，用行动证明你给大家带来新的机会而不是去争夺已有的机会。

> 那些选择了瑞金和延安的老人和女人们，他们与其说是挑选了地方，不如说是挑选了人，他们知道那些和他们拥有相同价值观的人在那儿，那些他们喜欢的人在那儿，他们要和他们在一起工作、生活，彼此帮助度过生命——并且，愿意放弃已经拥有的一切。

和谁在一起比在哪里更重要

在江西瑞金中华苏维埃政府的旧址里，我曾经产生过一些疑惑：像徐特立、董必武、谢觉哉这些功成名就的教授们，为什么放弃优越的生活条件、显赫的社会地位跑到这样的穷乡僻壤来闹革命？

我们很容易理解彭德怀、贺龙、林彪们，他们血气方刚，路见不平，反了就反了。我们也容易理解毛泽东、周恩来、朱德、陈毅、邓小平们，他们因为找到了自己信仰的主义，为了心中的伟大理想，反了就反了。那么他们呢？这些年过五旬，有家有业，有身份，有地位的人们。信仰和理想足以让他们义无反顾地抛下已经拥有的一切，把脑袋别在裤腰带上，加入年轻人的队伍，并且扮演不太重要的角色？

甚至后来还有王光美这样的中国第一个核物理的女博士，江青这样上海滩已经有些名气的女演员。在她们前往延安这样一个黄土高原的县城的时候，她们哪里知道会和决定中国命运的男人碰到一起？她们对马列主义的理解能有多少？一个来自西方的主义能够让她们放弃已经拥有的一切，去追寻一个完全看不清的未来吗？

在信仰和理想之外的东西是什么？

其实如果你看过随便哪个革命者的传记或者是反映革命岁月的小说，没有哪个人是因为夜读《共产党宣言》就有了参加革命的愿望并且主动地去寻找组织的。几乎无一例外，每个人参加革命总会有一个或几个领路人。他们总是因为自己喜欢或者信任的人已经加入了革命便也就随着革了命。

《潜伏》中，余则成参加革命，对主义和信仰没有任何感知，他对那个在中国西北角的抗日组织的全部印象，来自于对他在军统的上级吕宗方和女友左蓝的认识，他们是他敬重并且喜欢的人。他对自己所供职的组织的厌恶，也因为他对他的上司和同事所思所想、所作所为的不认同。于是，吕宗方和左蓝所信任的组织和从事的事业也就成了他的选择。电视剧编剧给出的一个政治正确的情节是，直到左蓝牺牲的时候，余则成读毛泽东的《为人民服务》才真正在思想上参加了革命。在余则成职业生涯的选择上，"主义"比亲朋的引路晚了许多。

美国作家冯内古特称自己是"没有国家的人"，他试图脱离地缘、民族、政治的背景，站在人类共同的立场上来思考问题，他问自己的儿子——儿科医生小冯内古特："生命的意义是什么？"儿子给出的答案是："我们来到世上，不过是为了彼此帮助度过生命，不管是什么样的生命。"——这是一个让他满意的答案。

如果我们抽离当时的时代背景，来一个冯内古特式的思考，也许这段话可以解释那些选择了瑞金和延安的老人和女人们，他们与其说是挑选了地方，不如说是挑选了人。他们知道那些和他们拥有相同价值观的人在那儿，那些他们喜欢的人在那儿，他们要和他们在一起工作、生活，彼此帮助度过生命——并且，愿意放弃已经拥有的一切。

几天前我收到一条短信，内容如下：那些实现了从优秀到卓越的人，在建立了卓越公司的同时，也能拥有美好的生活。他们的确很喜欢他们所做的工作，很大程度上是因为他们喜欢与自己一起做事的人。他们严格挑选合适的人，有了合适的人，便无需太多的管理和激励。他们相互尊重，相互钦佩。于是，他们在愉快与热爱的氛围中实现了卓越和美好。

回到当下，我们和同事在一起工作的时间多于与家人和朋友在一起的时间。养家糊口很重要，职业生涯很重要，但更重要的是我们要什么样的人生，不是吗？

我们大多数是些小人物，大多数的情况下，我们无法像我们的老板那样挑选每一个和我们一起工作的人，但我们可以判断想求职的地方一般来说更会聚集一群什么样的人。如果我们觉得和喜欢的人在一起工作是找工作时一件需要认真对待的事，那么你是可以找到这样的地方的，总会有一些地方汇集了更多你所喜欢的人。企业、机构和人一样，是有气质的，找到你所喜欢和适应的气质——有人把这叫做"场"，你的人生之路就走对了。

专业的人士把这个"场"叫做"企业文化"。通常这些所谓的文化会以标语口号的形式固化在墙上，以老板口若悬河的讲话形式固化在嘴上，以文字印刷的形式固化在员工手册上。但你要甄别的是，有没有固化在员工的心里。所以，如果有你喜欢并且认同的朋友或者同学要拉你做他的同事，你一定要认真地考虑，不要丧失一次让你的人生快乐的机会。所以通过熟人找工作是一个低成本且非常靠谱的选择。当然爹妈和爹妈的社会关系帮你找的工作也比较靠谱，不过那叫安排，是另一个层面的问题，以后咱们还可以专题讨论。

如果你是通过投送简历找来的工作，在祝贺你的主见和能力的同时，我也要提醒你：在最初的三个月，除了搞清楚工资是否及时发放、出差可以住几星级的宾馆、上下级关系如何相处等等基本情况以外，认真地看看，你在这里是不是可以交得到朋友，有没有让你喜欢或者信赖的人。

　　再后退一步，如果你实在无法割舍你现在的薪水、职位、荣耀，那就只好调整心态来改造你的同事。我们可以去尝试喜欢他们，同时得到让他们也喜欢自己的回报。这样我们通过另外的途径去实现自己人生的卓越与美好，甚至，如果我们不能够达到卓越，我们起码拥有了美好。

　　那么，接下来，看看你的办公室吧。

★★★ 听戈说职场：

◎ 有了合适的人，便无需太多的管理和激励。他们相互尊重，相互钦佩。于是，他们在愉快与热爱的氛围中实现了卓越和美好。

◎ 企业文化通常会以标语口号的形式固化在墙上，以老板的讲话形式固化在嘴上，以文字印刷的形式固化在员工手册上。但你要甄别的是，有没有固化在员工的心里。

◎ 和喜欢的人在一起工作。

◎ 如果你实在放不下眼前的工作，那就从喜欢你的同事开始吧。

○ 让人纠结的是一些抢功高人，在每一项日常工作中，在每一次向领导的汇报中，于不动声色间化别人的功劳为自己的功劳、化大家的功劳为自己功劳的功夫，他们表现出深厚的抢功能力。

你的功劳被抢了吗？

2009 年 10 月 17 日下午，朋友开车沿呼和浩特南二环送我去机场，路上不断看到全副武装的武警正在各路口布岗，对过往车辆严加盘查，看来，出大事了。果然，回北京不久就听到四位重刑犯人成功越狱的新闻，六十多个小时后，在呼和浩特南郊的和林格尔县，三名逃犯被抓获，名叫高博的逃犯因为拒捕并袭警被当场击毙。

一场充满悬疑的追捕大戏，以一种符合影视作品表达规律的方式精彩收尾，媒体写道："被击中头部的高博以一种电影中坏人被击中的通常姿态扑倒在地，挣扎了几下，气绝身亡。"

接下来的情节一般不会出现在电影里，但在现实中总是会出现——有两位警察声称是自己击毙了罪犯，一位是和林格尔县公安局治安大队队长尹红民，一位是内蒙古公安厅刑警支队协查缉捕支队副支队长王苏荣。功劳到底是谁的？好在这个问题被提出来摆在了桌面上，法医根据两位警察使用的枪支、与罪犯的距离及角度，很容易便确定了到底是谁立下了这一功。谁也抢不了谁的功。

一场精彩大戏结束之后，媒体热衷咀嚼的却是如此的细枝末节，但这种报道符合读者的阅读趣味，因为当故事结束之后，我们就要下意识地把故事和我们自己的生活联系起来。在这样的围捕行动中，罪犯已经陷入天罗地网，谁打死了一名罪犯对最后的结果并没有影响。但因为抓捕行动本身是一个大功，在大功告成之后，每个参与的人都会在心里打起自己的小九九——我的功劳会被认可并表彰吗？

是的，每一个人。别相信有些人在接受采访时满脸羞涩的表达："我其实并没有做什么，功劳是大家的，荣誉是党和人民给的。"有一句俗语专门用来描述这种现象——"得了便宜卖乖"。通常这种表达只能发生在表彰大会之后，也就是没有人可以改变功劳所属的前提下。所以分清楚到底谁击毙了罪犯很重要，这关系到一个优秀干警的晋升，关系到基层群众对上级领导能力和品德的口碑，关系到对广大干警今后工作的激励。

不但如此，谁立了头功还关系到两个团队的荣誉。两位警察分别代表着县公安局和自治区公安厅，所以争这个名也不完全是为自己，这让他们可以解除自己的心理负担，毫不含蓄地说是自己击毙了罪犯，争的是个人的名，夺的是团队的利，所以当然理直气壮。此时如果故作姿态，本团队领导也不会答应。

通常情况下，上级单位抢下级单位的功劳是司空见惯的事，但这次，天赐良机，追捕发生在和林格尔县，但抓捕过程都是公安厅领导在指挥，如果这标志性的一枪也归了公安厅，功劳都被公安厅抢了去，县里就完全是配合行动的小角色了，这也太窝囊了。所以县公安局的领导非常有智慧地放出狠话：是谁的功劳就是谁的功劳，别人抢不了。问题摆到了上级领导和公众面前，上级单位想利用职权方便抢功的难度就大大提高。这种情况下，功劳是谁的就是谁的，绝对不能做谦谦君子，因为你不是一个人在战斗。

现实中，碰到这种情况，的确有些面皮薄的人不好意思去争功，但你一定要搞清楚，和你争功的是否在一个团队，如果不是，则当仁不让。有些过于宽宏的领导反倒得不到下属的拥戴，原因就在这里。你不好意思成就的是你个人的美德，损失的却是大伙的利益。

　　谁击毙了罪犯，很容易判断清楚，和另一个团队争功，有自己领导撑腰也显得理直气壮。但在职场，更多发生的是完全不同的被抢功：你和同事的职责划分得并不那么清楚，也没有领导刻意地要搞清楚在一项日常工作里到底谁做了什么样的贡献，可他总是通过各种方式压着你，把你的工作业绩明里暗里算在自己的名下。我们的功劳会被别人抢去，不争心里窝囊，争吧显得没有境界、没有胸怀。好纠结啊。

　　最近一家招聘网站进行了一次调查，有超过半数的员工说自己经常被同事抢功。其中24.78%的被调查者选择默默忍受，23.78%的人选择直接找老板澄清事实，14.6%的人则选择以牙还牙，13.7%的人选择联合他人，发动群体力量，驱逐抢功小人，12.14%的人选择离开。

　　其实，如果真的有同事明目张胆、颠倒黑白地抢功，倒是不难对付。找领导直接说明或者忍着什么也不说都可以。前一种做法让你澄清事实，名至实归，同时在领导面前捞得敢说敢为、实话实说的印象。后一种做法虽然自己受了委屈，但却在群众中树立了宽宏大度、志存高远的威望，说不定还会因此赢得女同事的芳心。

　　让人纠结的是一些抢功高人，在每一项日常工作中，在每一次向领导的汇报中，于不动声色间化别人的功劳为自己的功劳、化大家的功劳为自己功劳的功夫，他表现出深厚的抢功能力。通常的表现是：在主语应该使用"我们"的时候，使用"我"，在主语应该使用"某某"的时候，使用"我们"。

复原一个我曾经遇到过的场景：我到一个新单位不久，和另外一个同事合作一个项目，开会向领导汇报的时候，他抢先发言，不动声色地说，"我们有一个方案……"其实那是我昨天想了大半夜的成果，只是在半个小时前和他有过一番沟通，一个"我们"，抢走了我的大半功劳。还有一次，老板过来询问项目进度的时候，此人回答：XX（我的名字）做得非常好，基本上不怎么需要我的帮助，我只不过在一些关键问题上和他交换一下意见就行了。我心里生气，可是一句话也说不出来。他非常轻巧地就把自己置于项目主导者的位置上了。

有时候，造成抢功现象不仅是一个人品问题，还是一个管理问题。在管理机制完善、领导能力强的机构中，员工的责、权、利得到了有效细分，抢功现象就不大容易频繁发生，而在一个不懂管理的领导手下干活，职责界限模糊，抢功的事就容易发生。

最后还有一个提醒，如果和你抢功的是直接掌握着你生杀大权的顶头上司，那么恭喜你，你被频繁抢功说明你已经成为干将。职场就是一棵大树，我们就是树上的猴子，向左右看全是耳目，向下看全是嘴脸，向上看全是屁股，领导抢你的功，意味着领导可以获得更快的提升，然后你就有了新的机会。这样你就会看到越来越少的屁股和耳目，看到越来越多的动人嘴脸。

◎ 功劳被抢，不争心里窝囊，争吧显得没有胸怀。选择不争不是毫

　无作为。

◎ 和领导及同事形成书面沟通的习惯，可以避免被抢功。

◎ 功劳是经常可以拿来让的。

◎ 自己的功劳如果同时也是团队的荣誉，自然当仁不让。

◎ 如果和你抢功的是你的顶头上司，那么恭喜你，你已经成为干将。

> 在职场上混，绝对有艺术的成分，也就是有说不清楚的
> 东西在里面。这样，一旦你获得了别人不能获得的机会，
> 谣言就不可避免地会滋生，尤其是年轻且漂亮的女孩子
> 会遇到更多流言飞语。

让谣言来得更猛烈些吧！

作为"社会主义精神文明的一朵奇葩"，虽然当年的"超级女声"不知道因为什么原因已经改名为"快乐女声"，但似乎并未影响它制造话题的能力。如同 2005 年的李宇春，2009年夏天，一个叫曾轶可的女孩子横空出世，当然也如当年的李宇春，一夜成名的代价是一眼望不到头的猜忌、厌恶甚至歇斯底里的咆哮。

谣言总是和成功伴生。网上有一则广为传播的帖子，是一首很长的藏头诗，字面上看全是夸赞曾轶可的溢美之词，细一看里面竟藏着"黑幕捧红你，弱智进十强，枪手遍天下，

全凭老爸狂"的句子。女孩子快速成名，一般来说总会被归结为两种可能：年纪小些的一般会被安排一个有钱有势的老爸；年纪稍大些，再长得漂亮些的一定会被安排一个神龙不见首尾的大款"老公"，在包养中成长，红，自然快得很。还好曾轶可还没有到被归为后者的年龄，也没有适合被包养的面相，所以以"幸运"地被怀疑为有一个手眼通天的老爸。还好，曾轶可的爸爸只是一个普通的教师，这种谣言很容易澄清。但另外一种说法可能永远都不会说清楚，就是主办方为了商业利益炒作话题，违反比赛规则，故意操作比赛结果，而曾轶可成为获益者。在商业道德没有底线同时阴谋论大行其道的当下，如果不同意这样的推论，会被大家归为脑残至少是幼稚的行列，所以我也只好认为，这种可能性确实存在。

就我个人的经历看，曾轶可的脱颖而出，如同当年的李宇春一样，都有广泛的群众基础，因为我就是一个典型群众。自己说自己典型，是一位无论是当年碰到李宇春还是现在看见曾轶可，都不是因为接受了传媒的鼓噪或者他人的影响或者推荐，而是之前对这个活动几乎一无所知，仅仅是因为在周末的时候乱按遥控器，突然就看到一个女孩子在唱歌，然后就不知道为什么被打动，就希望她能够走得更远，就会担心她在下一轮被淘汰。

曾轶可就是这么走到了我们的面前，一打开电视就碰到她作为十强的第一个出场，目光清澈，声音发颤。第一个感觉是从声音上看，她不够十强的水准，接下来，尤其是听了评委高晓松的点评，就觉得这孩子应该走得更远。高晓松说："现在唱歌好的有的是，但能自己创作歌曲，并且能把歌词写的这么棒的人很少，刚才虽然是第一次唱不是自己写的歌，但把其中的一句歌词改得很棒，很少有人能做到这一点。"

看看曾轶可写的这些词："最坏的那个天使，我最爱画的就是你的样子；我们守着距离拉成的相思，温柔着彼此的言辞"、"给我个kiss好不好，把友情爱情的分界线用力地擦掉"；"我还能孩子多久，我力量不够，头发还没长长，时间就要带我走，我……还能快乐多久"。能把歌词写到这种感觉的作者不多，女歌手没有。

曾轶可带来一个问题：衡量一个歌手的标准到底是什么？是音准节奏准确无误？是声音悦耳动听？还是可以飙出别人上不去的高音，抑或是要有动人的脸蛋？都是，也都不是。最终的标准在每个人心中，也就是能不能打动观众。在我看来，那些音乐学院培养出来的很多歌手其实就是唱歌机器，跟艺术没多大关系。如果唱歌是艺术，那么它的评判标准就是能否打动更多的人，这个标准是模糊的，是见仁见智的。嗓子可以发出准确、悦耳、音域宽阔的声音只是唱歌的一部分而不是全部，而且是越来越不重要的一部分。

为了说明这个论点，我来讲个故事。我的一位朋友，一位漂亮的女管理咨询师，突然对绘画发生了兴趣，拜师学画，几个月后，她竟然和老师及老师的同学联合举办了画展，画展的结果出乎所有人的意料——她的画卖出了好几幅，而老师及其同学，中央美院的绘画硕士一幅也没卖出去，老师羞愤之下断了相互的往来。我问了卖家，他们说，她的画和别人的不一样，但也说不出个所以然。但他们告诉我，在美术领域，基本功好，画的像，已经是评价美术作品最不重要的因素。而艺术家个人的经历，比如说凡·高割自己的耳朵，也是他的画的一部分。如今评判作品唯一的标准是，有多少人知道并且强烈地认可你。

在我看来，那些可以说得明明白白的东西叫科学，那些有时候说得清楚有时候说不清楚的东西叫文化，那些根本说不清楚的东西，才会被归为艺术的范畴。在职场上，虽然有无数的业绩考核方式，但除了搞销售的，对于大部分人评判标准模糊的地方有很多。所以，在职场上混，绝对有艺术的成分，也就是有说不清楚的东西在里面。这样，一旦你获得了别人不能获得的机会，谣言就不可避免地会滋生，尤其是年轻且漂亮的女孩子会遇到更多流言飞语。

比起选秀活动更麻烦的是，你不可能去辟谣，没有这样的渠道和机制。那就只能认了。那天看电视，中国探月总工程师，一一反驳了有关美国 1969 年的探月活动根本没有实现，那些照片和录像只不过是摄影棚中产品的谣言。当主持人问到"美国宇航局为什么从来不出来正面驳斥这些谣言"时，嘉宾回答，一方面可能是不屑回答，另一方面，你想想，这么多年来大家对登月活动有这么高的关注度，不就是因为有阴谋论存在吗？

当没办法改变现实的时候，就改变自己的心态，不就是谣言吗？让它来得更猛烈些吧。记住，比起有人说你坏话更糟糕的是——没人议论你。

◎ 有人造你的谣，说明你被关注了。

◎ 比起有人说你坏话更糟糕的是——没人议论你。

◎ 公开辟谣是对待谣言问题最不理性的解决方式。

◎ 当没办法改变现实的时候，就改变自己的心态。

○ 一旦"硬谎"被戳穿，说谎者就会被人打上特殊的烙印，这种道德的烙印往往会伴随着一个人的一生。人们对于骗子的厌恶程度甚至超过小偷和强盗——你不仅侮辱我的人格，而且侮辱我的智商。

说谎的代价

除了少数"圣贤"（我有点怀疑有这样的人存在），说谎是大多数人每天都要做的事情。编造一个上班迟到的原因，夸奖同事或者客户的穿着容貌，给老婆或者丈夫一个不回家吃晚饭的理由，对上司掩盖工作中的失误，向客户推销自己的公司或者产品……所以，如果有人胆敢宣称自己从不说谎，那他一定需要极强的自我约束能力和面对别人道德质疑的勇气。"我从不说谎"，这句话本身就特别像一个谎言。

卡特被认为是美国近几十年来最"老实"的一位总统。在卡特竞选总统的时候，一位刻薄的女记者登门拜访他的老母亲，并且提出了一个充满挑衅意味的问题："您儿子说他从不说谎，真的是这样吗？"毕竟是总统的母亲，老人家回答道："我不这样认为，不过我儿子说谎从来都是在善意的前提下，就像你进来的时候，我告诉你，'你长得很漂亮，我非常喜欢你。'"卡特只当了一届总统，不知道这是否和他总是要求自己不说谎有关。一般说来，说谎是政客的看家本领。据说曾经有一本美国杂志搞了一个全美国说谎大赛征文，一位议员欣然参加，结果稿件被退了回来，退稿信上说："鉴于本次大赛为业余说谎比赛，非常抱歉地通知您，作为职业说谎者，您不具备参赛资格。"

最近一位漂亮女孩出了一本书，介绍自己如何在上大学的时候就开始做生意，现在已经坐拥上亿资产，打理着好几家公司。据她说，这本书已经卖了十五万册，为无数青少年鼓起了理想的风帆。这种故事，大多数成年人往往一笑置之，不幸的是，有记者掺和了进来，逐条质疑她的履历。漂亮女孩，传奇经历，这是网络传播最喜欢的卖点，在网上，揭露她谎言的帖子风起云涌。从赴美留学的学历到创业经历，甚至小学、中学、家庭的情况都被指造假，翻了个底儿掉。在一次会上，这个女孩向我承认：女孩子的虚荣心让她默许了书商的夸大渲染之词，从言谈里可以感受出她内心的挣扎。但显然她还没有更清醒地意识到被人当做一个骗子——职业说谎者，到底会对她今后的人生道路产生多大危害。她依然一厢情愿地认为，时间会冲淡这一切，靠自己以后的努力和成就能够得到一个澄清自己的机会。

我有些怀疑她的判断。

一般来说，说谎有"软谎"和"硬谎"之分。"硬谎"有三个特征：一是为了获取某种明确的利益；二是有准确的细节描述；三是多次重复。如果三个条件同时具备，那么说谎者的麻烦就来了，揭谎者的斗志会被充分地激发出来，所有相关者和知情人都会斗志昂扬。大多数人在大多数情况下说的都是"软谎"，也就是只具备其中的一个或两个条件。

我们来对这三个特征做一下排列组合。一和二组合：找工作的时候，很多人都会美化自己的履历，比如把曾经担任过小组长改成学生会干部，把被上个东家末位淘汰说成自己是销售状元，因为老板不兑现奖金愤然离职。其实有经验的人事经理们几句话就可以把你履历中不真实的部分挑拣出来，但除非你倒霉，碰到一个以揭露别人为乐的变态狂，大部分的情况下他们不太关注你简历的细节，他们感兴趣的只是："这个人是否适合这个招聘岗位？"过了这一关，你把那个掺杂了谎言的简历忘掉就是了，也就是不要把第三条加上。

再来看一和三的组合：比如在上司和同事面前，一些人会故意透露一些模糊的信息来让别人觉得他很有背景或者有特别的能力或者特别的资源，比如和什么大人物是哥儿们，最近又和什么有头脸的人吃饭，又被邀请参加了什么重要聚会等等，因为模糊，说谎和夸张的界限就不是很清楚。尽管大家都心知肚明，但都懒得戳穿这些小把戏，甚至在某些情况下会有善良的同事帮你圆谎。

还有就是二和三的组合：的确是有些说谎爱好者，没有什么明确的目的，就是为了口舌之快，把谎撒得绘声绘色，不说谎不会说话，因为没有什么大害，时间长了，大家只当是一种特殊的表达方式。

这三种情况都是"软谎"，对于说"软谎"，人们一般不会进行道德批判，不会锱铢必较，因为每个人都清楚自己也有说谎的时候，大家心照不宣。说谎的好处不胜枚举，对于一些尝到过说谎好处的人来说，抑制自己说谎的冲动是一件非常困难的事。在不知不觉中，一些人的"软谎"就变成了"硬谎"，这个时候，距离有人站出来戳穿谎言的时间就逼近了。而一旦"硬谎"被戳穿，说谎者就会被人打上特殊的烙印，这种道德的烙印往往会伴随着一个人的一生。人们对于骗子的厌恶程度甚至超过小偷和强盗——你不仅侮辱我的人格，而且侮辱我的智商。

说谎是一个高要求的智力活动，也是一个高成本的经济行为。每一个谎言都需要更多的谎言去掩盖，而谎言一旦被戳破，场面相当难看。一般人最容易说谎的地方，就在伪造自己的个人履历上。我以前工作过的一个办公室，至少有三位大龄女青年故意改小了自己的年龄，有过分的竟然敢把自己的岁数改小六七岁——我真替她们未来的老公难过。户口本、身份证好解决，但你成长的时间表不可能被改变，尽管大家从不同地方来到北京，但和自己的过去不可能彻底切断，很快就会有好事者根据各种数据换算出你的真实年龄，为了掩盖自己的年龄，你要时刻提醒自己不要在谈话中提及任何和过去有关的内容，你要避免让你过去的社会关系和现在的同事朋友产生任何交集。这是一个何等劳心劳神的工作，成本之巨大，完全是一桩亏本生意。

谎言就像是猴子的红屁股，爬得越高就越容易被别人看得清楚。年轻的时候，特别容易受说谎的诱惑，但谁知道自己家祖坟上就一定不会冒青烟呢？就像前面说到的那个女孩，当时书商要给她出书，哪里想得到一下就成了名人，心里根本没有对后果的评估，糊里糊涂就成了书商商业利益的牺牲品，卖了那么多书一分稿费都没拿到，虽然出了名，但这样的名声是资产还是负债现在还很难说清楚。

◎ 在办公室说谎是一个高要求的智力活动，也是一个高成本的经济行为。一般人玩不了。

◎ 谎言有软硬之分。"硬谎"有三个特征：一是为了获取某种明确的利益；二是有准确的细节描述；三是多次重复。如果三个条件同时具备，那么说谎者的麻烦就来了。

◎ 谎言就像是猴子的红屁股，爬得越高就越容易被别人看得清楚。

> 偏见不仅影响人们的归因判断，而且人们得出的错误结论会为他的负向情感辩护，更会进一步强化这种负向情感。

偏见造就"鸟人"

"鸟人"是一句骂人的话，不守规矩、不讲信用、难以沟通的人谓之"鸟人"。

话剧《鸟人》讲述了这样一个故事：一群北京胡同里的老少爷们儿狂热地热爱养鸟，养鸟逗鸟是他们全部的生活乐趣和心理寄托。一位来自美国的精神分析师对他们的行为产生了兴趣，认为他们是精神出了问题的一群人，在获得了街道的支持之后，他开设了一家心理诊所，免费给这些他眼中的病人进行精神分析。

一位鸟类学家也经常出没于这群养鸟人中间，但他关注的和这些养鸟人所关注的完全不同，在他的眼里，养鸟人是一帮无所事事无聊的人，而在养鸟人眼里，鸟类学家和那个美国回来的精神分析师都是对博大精深的中国养鸟文化缺乏了解、无法理解养鸟乐趣的书呆子。

话剧《鸟人》中的鸟人表面上理解就是养鸟的人，此"鸟人"似乎和骂人的"鸟人"没什么关系。但看完这部北京人艺重排的话剧之后，我发现，问题的严重性是在于很多情况下，"鸟人"都是一些人给另外一些人贴的标签。因为偏见和过度自信，每个人都会把别人当成鸟人，也会成为别人眼里的鸟人。

社会心理学对偏见的定义是：人们依据错误和不完全的信息概括而来的针对某个特定群体的敌对或者负向的态度。偏见来自于定型，定型就是将同样的特征加在群体中的每个人身上，而不考虑群体成员之间的差异。定型并不一定是一种蓄意的伤害行为。在多数情况下，它仅仅是我们人类认识世界、认识他人的一种便捷方式，我们每个人、每天都会用定型思维给别人归类。

在一个事实背景并不十分清晰的情境中，人们很可能做出与他们的偏见相一致的归因。这种现象称为基本归因偏误。社会心理学家阿伦森在他的著作《社会性动物》中给我们举了这样一个例子来说明偏见的无所不在：如果一个衣着得体的白人在一个工作日的下午坐在公园的椅子上晒太阳，人们不会有任何看法。但如果换成一个黑人，人们很可能断定他是一个失业者而且并不急于寻找工作。有的人因此会火冒三丈，因为他刚交过所得税，自己辛苦挣来的钱被征税，用来补贴这样一个不愿意工作的懒汉。因此他更加坚定了黑人比较懒惰的偏见。而事实上，这个黑人可能是一名律师，心血来潮把和他的当事人会面的地点选在了公园。

美国电影《撞车》反映的就是这种族群偏见，在洛杉矶这样一个多民族混居的地方，种族之间的偏见让人们都把不同种族的人当成鸟人。白人与黑人之间、墨西哥人与亚裔之间，矛盾总是容易演变成冲突，偏见是其中最主要的原因。偏见不仅影响人们的归因判断，而且人们得出的错误结论会为他的负向情感辩护，更会进一步强化这种负向情感。

我非常清晰地记得，若干年前，在北京电视台播放的一条社会新闻中，竟然出现了这样的解说词："盗窃者是一个外地人模样的人……"听得我差点背过气去。一个犯罪嫌疑人有各种体貌特征和社会身份，记者竟然找出了"外地人模样"这样的关键词，可见对外地人的偏见有多深。

因为偏见，同在一间办公室里的同事常常会成为我们自己眼中的鸟人。老板总是要压榨员工的；员工总是会偷懒的；年纪大的人总是倚老卖老的；年轻人总是毛手毛脚的；八零后总是以自我为中心的；女性总是喜欢嚼舌头的；高学历的人总是心高气傲的；家境贫寒的人总是特别功利的；东北人总是喜欢吹牛的；河南人总是溜奸耍滑的……

还有，不同岗位之间，不同年龄之间，不同性别之间，不同学历之间，不同地域之间，偏见无所不在。

"过度自信"的心理定势是人们常常把别人当鸟人的另外一个重要原因。心理学研究认为，人类天生具有过度自信的倾向。人们总是会把自己对已经发生过的事情的正确判断延伸到未发生的事情上。如果一组题目测试结果有 60% 的人回答正确，总会有 75% 的人认为他们的答案是正确的。过度自信会产生判断上的自利性归因偏差。人们对于一件成功的事情总会归因于自己的努力，而对于失败和错误则喜欢归因于意外、外在因素或者运气不好。当同样的事情发生在别人身上，我们却总是给出相反的归因。

这种不靠谱的直觉经常影响着我们的判断。越是平时被认为优秀的人，越是专注于某些领域并拥有足够多从业经验的人，越容易产生过度自信的现象。对自己过度自信了，就不太容易相信别人。当偏见和过度自信这两个人类与生俱来的特征显现在办公室的时候，沟通障碍就出现了。

当面对一个必定会有不同看法的问题的时候，每个人都愿意相信自己的判断更正确，而争论一旦开始，偏见一定会适时地潜入我们的思维方式。"领导总是会——"、"女人总是会——"、"年轻人总是会——"的思维惯性会让我们停止对解决问题方法的探究，甚至以前发生的种种不快也会涌上心头。"对鸟人真是没办法"，我们常常会用这样的理由为自己开脱，并最终放弃通过沟通说服对方的尝试。

世界上任何一个办公室都充满了矛盾，一旦我们把别人当做鸟人，思想必然发生短路。

除了在一起共处更多的时间，没有办法真正地消除偏见。除了学会换位思考，也没有办法解决过度自信的问题。世界上本来没有那么多鸟人，那只鸟更多地存在于我们的心里。

◎ 因为偏见，同事常常会成为我们自己眼中的"鸟人"。

◎ 过度自信会产生判断上的自利性归因偏差。对于成功的事情归因于自己的努力，而对于失败则喜欢归因于意外。当同样的事情发生在别人身上，我们却总是给出相反的归因。

◎ 一旦我们把别人当做"鸟人"，思想必然发生短路。

别做职场大嘴

"彼说长，此说短，不关己，莫闲管"。《弟子规》里的这句话教导我们：和自己没关的事情不要乱发言。

清朝康熙年间的秀才李毓秀把《论语》中"弟子入则孝，出则悌，谨而信，泛爱众，而亲仁，行有余力，则以学文"这句话做了一个非常啰唆的解释，是为《弟子规》，基本上就是清朝的《小学生守则》。但在职场上，即使简单如小学生应该做到的，我们都做得到吗？

就说这"彼说长，此说短"几个字，我们彼此之间不都在说来说去吗？谁人背后不被说，谁人背后不说人？说来说去，职场里的氛围就微妙了起来，慢慢地就变得恐怖起来。

据说有研究表明，一个正常男人一天需要说六千句话，一个正常女人一天需要说一万两千句话，比男人多一倍。如果工作中没有那么多话可说，回家也没有说话的对象或者必要，那么剩下的指标就需要在办公室的闲聊中消化掉。所以闲聊是每一间办公室每天必不可少的桥段，每天总要上演，闲聊中就会不断地锤炼出各种类型和段位的"职场大嘴"。根据前面的理论，职场大嘴中女性的比例显然多于男性。

粗略地分一下，常见的有两类职场大嘴，一类是口无遮拦型，一类是搬弄是非型。口无遮拦型的职场大嘴，心直口快，说话不过脑子，无意中不知道就会冒犯哪个同事。这样的职场大嘴，我们每个人都当过，不过有的人会接受教训，以后尽量少犯，有的人不长记性，大嘴一辈子。常常听到人们背后对某人的评价是："那个人，就毁在一张嘴上。"这种人基本上可以就是职场大嘴的最高级别了。

每个人都会有不愿意被人碰触的软肋，那些看似无心的话，有时候会像一根刺深深地扎入别人的心口，每一个人对这种冒犯的敏感度不同，化解能力不同，碰上一个不善于调节自己心态的，小心眼的，你就在不经意间为自己树了一个敌人。更倒霉的是，若这人正巧是你的顶头上司，你倒霉的日子就开始了。

最常见的冒犯是对某些人群概括性的负面评价。一日，一平时为人谦和的女同事因为给别人介绍对象受挫，在闲聊中大发感慨曰："三四十岁还不结婚的人心理肯定有问题。"语毕，突然发现办公室一位大龄未婚女士也在场，连忙补充道："我是说男的。"办公室一片静默。

对大龄未婚或者离异的评价，对来自某个省份或者某个地域人的评价，对农村家庭出身的评价，对单亲家庭子女的评价，对低学历者的评价，对某个少数民族的评价……这些往往带有歧视性的言论，说者无心，并不是针对某个人，但却一定会让相关者对号入座，并激起内心深处无法抑制的厌恶和抵触。

一位管理专家曾经向我传授过上司评价下属的秘籍：批评一个人的时候，千万不要说他与生俱来的缺点。也就是，永远不可以说："你真笨"、"你从小缺家教"、"你们什么家庭出来的人就是这个德行"等等。但可以严厉地批评说："你真不用功"、"你真粗心"、"你真没上进心"云云。夸赞一个人的时候，尽量夸赞他先天带来的优势。你夸赞他说："你天生就是一个干什么的料"、"你脑子就是一个超级计算机"、"你们这种什么家庭培养出来的孩子总是很出色"，要比"你真是笨鸟先飞"、"真是勤能补拙啊"、"你真是一个有抱负的青年"效果要好得多。

智力、身体、出身这些已经无法改变的因素构成了一个人最基本的特征，这些方面的缺陷或者社会歧视，会给人带来心理阴影，所谓自尊，一般来说就是维护这些因素的隐蔽性。不管是上司还是同事，谁有意或者无意碰触或者揭开这种隐秘，谁就会伤到别人的自尊，谁就会为此付出被对方敌视的代价。

当然，如果一个人真的功成名就了，所有那些曾经十分避讳的因素就会被当做自己成功的原因，而不再敏感，这就是所谓自信的力量。如果你现在一个办公室的同事正好是潘石屹、黄光裕、马云、洪晃等几位，你尽可以口无遮拦，尽情挥洒你对来自穷乡僻壤、受教育水平低、个头矮小且相貌怪异、大龄寡居者的偏见。可惜我们没有这样的机会。所以，请闭上你的大嘴。

另外一个类型的职场大嘴就是"长舌妇"的职场版。一项针对职业经理人的研究发现，近 83.6% 的被访者认为最不受欢迎的职员是那些习惯端着杯子串门闲聊、搬弄是非的人。其实，长舌并不是女性的专项，随着社会中性化趋势的发展，"长舌夫"也越来越多。他们习惯搬弄是非，热衷八卦话题，喜欢广泛传播"谁和谁关系暧昧，谁是谁的小三，谁是谁的靠山，谁是谁的马仔"等消息。其特征是并不试图直接从这些传播中获得好处或者达到什么目的，而是下意识地打听、编辑并传播这些八卦。和办公室政治斗争间的合纵连横、权谋交易不同，长舌的目的就是长舌本身，最多延伸到发泄一下对领导或者同事的不满，并没有明确的目的性。

在心理学上，这叫做"干涉癖"。干涉癖多发生在业务能力不强、没有爱好特长、思想语言贫乏、在办公室缺乏吸引力的人身上。职场上的内部消息属稀缺资源，所以他们试图通过对职场内部八卦消息的贡献，获得一定的地位，并被同事欢迎。通常这是一种低成本的交易，很容易达成，但往往维持的时间很短，所以他们需要不断地制造并传播新的八卦才能维护其地位。干涉癖，是企图通过提供信息获取他人的肯定、接纳、赞赏，但其后果是，通常老板最想挤走的员工就是他们。而那些端铁饭碗的地方，往往让青年才俊有一地鸡毛的感觉，原因就是"长舌妇"和"长舌夫"永远会在那里战斗下去，直到值完最后一班岗。

有自信的人会专注于自己的事，没自信的人会用太多的精力关注别人。人无自信，眼里皆是非。管好自己的嘴巴，"不关己，莫闲管"。

★★★ 听戈说职场:

◎ 无心碰触别人的软肋也会为自己树敌。

◎ 智力、身体、出身方面的缺陷,关乎自尊,任何情况下都不能碰。

◎ 不要在两个人以上的场合中评价其他同事。

◎ 有自信的人会专注于自己的事,没自信的人会用太多的精力关注别人。

图书在版编目（CIP）数据

听戈说职场：野生状态/刘戈著.－上海：
上海三联书店，2010.9
ISBN 978-7-5426-3328-6

I.①听… II.①刘… III.①企业文化—通俗读物
IV.①F270-49

中国版本图书馆CIP数字核字（2010）第167412号

听戈说职场：野生状态

著　　者/刘　戈
责任编辑/陈启甸　叶　庆
装帧设计/Metis 灵动视线
　　　　　　TEL:010-85983452
监　　制/研　发
出版发行/上海三联书店
　　　　　　（200031）中国上海市乌鲁木齐南路396弄10号
　　　　　　http://www.sanlianc.com
　　　　　　E-mail:shsanlian@yahoo.com.cn
印　　刷/山东人民印刷厂
版　　次/2010年10月第1版
印　　次/2010年10月第1次印刷
开　　本/787×1092　1/32
字　　数/158千字
印　　张/9.5

ISBN 978-7-5426-3328-6/C·372

定　价：28.00元